水利水电工程施工场地布置决策理论、方法与应用研究

冯志军　郭　潇　李引转　张玉峰　著

U0285983

黄河水利出版社
·郑州·

内 容 提 要

本书以水利水电工程施工场地布置为研究对象,重点研究了水利水电工程施工场地布置决策理论、方法,开发了水利水电工程施工场地布置决策支持系统。该系统通过理论计算可将优化后的施工场地平面布置以形象的三维施工场地布置图展现出来,并演示施工场地布置随工程进展的动态变化的过程,以及以形象、快速的可视化交互方式在三维施工场地布置图上进行施工场地布置的信息查询、修正。

本书可作为从事水利水电工程设计、施工、监理人员以及高等院校水利工程、管理工程、计算机等相关专业人员的参考资料。

图书在版编目(CIP)数据

水利水电工程施工场地布置决策理论、方法与应用研究/冯志军等著. —郑州:黄河水利出版社,2010.12
ISBN 978 - 7 - 80734 - 959 - 4

Ⅰ.①水… Ⅱ.①冯… Ⅲ.①水利工程 - 工程施工 - 施工管理 - 研究②水力发电工程 - 工程施工 - 施工管理 - 研究 Ⅳ.①TV51

中国版本图书馆 CIP 数据核字(2010)第 251386 号

组稿编辑:王路平 电话:0371 - 66022212 E-mail:hhslwlp@126.com

出 版 社:黄河水利出版社
　　　　地址:河南省郑州市顺河路黄委会综合楼 14 层 邮政编码:450003
发行单位:黄河水利出版社
　　　　发行部电话:0371 - 66026940、66020550、66028024、66022620(传真)
　　　　E-mail:hhslcbs@126.com
承印单位:黄河水利委员会印刷厂
开本:890 mm×1 240 mm 1/32
印张:5.875
字数:170 千字　　　　　　　　　　印数:1—1 000
版次:2010 年 12 月第 1 版　　　　印次:2010 年 12 月第 1 次印刷

定价:19.00 元

前　言

　　水电是绿色清洁可再生能源,在优化能源结构、减排温室气体、保护生态环境、应对气候变化、促进可持续发展等方面发挥着重要作用。水能资源是我国最丰富的能源资源,总量世界第一,人均(按经济可开发水能资源91%计算)也接近世界平均水平。最新的勘察资料表明,我国水能资源理论蕴藏量6.89亿kW,技术可开发装机容量4.93亿kW,经济可开发装机容量3.95亿kW。

　　与世界发达国家相比,我国水能资源开发程度较低,发展潜力巨大。全世界当前的开发程度是34%,中国是20%,欧洲是72%,整个亚洲是23%(中国跟亚洲的开发水平是差不多的),非洲只有8%,南美洲是35%,中北美洲是70%,美国是82%,日本是84%,加拿大是65%,德国是73%,法国、瑞士在80%以上。世界上有24个国家的水电占整个发电量的90%以上,挪威、巴西是比较突出的,挪威99%的电能是水电,巴西的水电占整个发电量的90%。从水电的开发程度来看中国有很大的开发量,从世界的水平来看中国还是比较落后的。

　　近年来,水电以其可靠、廉价、经济可行性等特性被社会认同并得到快速开发,仅2009年中国新增水电装机容量达到1 989万kW,水电总装机容量达到1.97亿kW。预期到2020年,全国水电装机容量将达到2.5亿kW,中国将建成无数称冠世界的高坝、长隧洞、巨型电厂,制造出技术领先的机电设备,并解决好泥沙、环保等各种问题,中国的水电勘测、设计、施工、运行、管理、制造都将跃居国际领先水平,中国将成为世界水电大国和水电技术强国。

　　在水利水电工程大量快速开发的同时,也存在一些问题,工程建设中大量的洞挖、坑挖、槽挖、边坡开挖等改变了原有的自然地形、地貌,使生态环境受到了一定的破坏和影响,与建设生态环境友好的大型电站工程的要求不相适应。因此,开展工程精细化设计、施工管理等新技术研究尤为必要。

水利水电工程施工场地布置是水利水电工程施工组织设计和施工管理中的一个重要内容，施工场地布置设计和管理水平的高低，直接影响到施工技术水平的发挥和施工效率的提高，以及建设生态环境和社会环境友好的施工氛围。国内系统地研究水利水电工程施工场地布置的较少，本书是作者几年来的一点研究体会和尝试的总结，希望能为我国发展中的水利水电工程建设做出一点贡献。

水利水电工程施工场地布置影响因素多，内容庞杂，因此其是一项复杂的工作。本书研究了水利水电工程施工场地布置决策理论、方法与应用，得到了以下研究成果：

（1）将复杂的水利水电工程施工场地布置系统进行了合理的划分，并提出了施工场地管理和绿色施工场地布置的概念。

（2）提出了施工场地设施布置的一个新定量评价指标——点状分布，并给出该指标的计算方法；系统地分析了施工场地设施布置决策理论方法和优化程序；为了解决人们经验知识的利用问题，提出了基于人工神经网络的施工场地设施布置决策方法，该方法可以处理施工场地设施布置时的模糊性概念和经验知识的利用问题，能够很好地将施工场地设施布置的经验知识和模糊性概念结合在一起，完成施工场地设施布置的方案决策。

（3）提出了施工场地道路布置的三次 B 样条曲线拟合方法，并分析了施工场地道路布置方案的综合评价指标体系；由于施工场地道路通行能力的决定因素是道路交叉口，为此提出了施工场地道路交叉口通行能力的定量计算方法和计算机模拟方法，并通过实例验证了所提出方法的可行性和有效性；在此基础上提出了施工场地车辆优化调度决策的理论方法。

（4）提出了面向施工过程的场地布置冲突识别方法及解决冲突的策略。

（5）提出了施工场地布置方案决策的半结构性多目标模糊决策方法，并从理论上对比较困难的定性目标选取和权值确定方法、权值灵敏度进行了讨论。最后，用拉西瓦水电站的垂直运输方案的选取实例对该方法的决策效果进行了验证,结果表明该方法基本可以排除人为因素的干扰,得到较合理的布置方案。

(6)提出了水利水电工程施工场地布置决策支持系统框架,并进行了该系统的开发工作。该决策支持系统可以将过去复杂的平面布置图变为形象的三维施工场地布置图,还可以演示施工场地布置随工程进展变化的全过程,以及以形象、快速的可视化查询方式在三维施工场地布置图上进行施工场地布置的信息查询,并对在该决策支持系统中提出的可视化数据挖掘实现方法进行了探讨。

以上内容仅是我们对水利水电工程学习、研究、实践中的点滴认识,愿本书能起到抛砖引玉的作用,使得众多读者更加关注和参与水利水电工程施工场地布置研究工作,促使水利水电工程建设向环境友好的方向发展。

本书各章撰写分工如下:第1、2章由郭潇撰写,第3~6章由冯志军撰写,第7、8章由李引转撰写,张玉峰女士对全书提出了建议并进行了修正,全书统稿由冯志军负责完成。

在本书撰写出版过程中,新华水利水电投资公司、中国水利水电出版社的张玉峰女士等给予了大力支持和帮助,在此一并致谢。本书撰写过程中,参考了多位学者和专家的有关论著,在此深表谢意。

由于作者水平有限,书中错误和不足之处在所难免,敬请专家、学者和广大读者批评指正。

作 者

2010 年 10 月

目　录

前　言

第1章　绪　论 …………………………………………… (1)

　1.1　研究意义 ……………………………………………… (1)

　1.2　研究背景及国内外研究现状 ………………………… (7)

　1.3　研究内容 …………………………………………… (11)

第2章　水利水电工程施工场地布置系统分析 ………… (13)

　2.1　施工场地布置范围确定 …………………………… (13)

　2.2　施工场地布置内容 ………………………………… (17)

　2.3　施工场地布置层次划分 …………………………… (18)

第3章　水利水电工程施工场地设施布置决策方法研究 ……… (21)

　3.1　施工场地设施布置基本理论 ……………………… (21)

　3.2　施工场地设施布置方法 …………………………… (34)

　3.3　施工场地设施布置的调整程序、优化与评价方法 ……… (40)

　3.4　基于人工神经网络方法的施工场地设施布置 ……… (43)

第4章　水利水电工程施工场地交通运输方案决策方法研究

　　　 ………………………………………………………… (54)

　4.1　施工场地交通运输系统分析 ……………………… (54)

　4.2　施工场地道路布置方法 …………………………… (55)

　4.3　施工场地道路通行能力计算方法 ………………… (63)

　4.4　施工场地道路通行能力模拟 ……………………… (68)

　4.5　施工场地车辆优化调度决策方法 ………………… (77)

第5章　面向施工过程的场地冲突分析及决策策略研究 ……… (81)

　5.1　水利水电工程施工过程场地动态分析 …………… (81)

　5.2　施工场地－进度计划冲突分析方法 ……………… (84)

　　5.3　施工场地－进度计划冲突解决的决策策略 ………（89）

第 6 章　施工场地布置的半结构性多目标模糊决策方法研究

　　……………………………………………………………（94）

　　6.1　半结构性多目标模糊决策方法的基本概念和理论 …（94）

　　6.2　施工场地布置决策模型的建立 ……………………（105）

　　6.3　施工场地布置实例 …………………………………（110）

第 7 章　水利水电工程施工场地布置决策支持系统研究 ……（122）

　　7.1　概　述 ………………………………………………（122）

　　7.2　水利水电工程施工场地布置决策支持系统基本理论

　　……………………………………………………………（125）

　　7.3　施工场地布置决策支持系统设计 …………………（134）

　　7.4　施工场地布置决策支持分系统及关键技术研究 ……（138）

　　7.5　施工场地布置决策支持系统实例 …………………（161）

第 8 章　结束语 ………………………………………………（167）

参考文献 ………………………………………………………（171）

第1章 绪 论

1.1 研究意义

　　我国是世界上河流众多、水能资源最丰富的国家。但在新中国成立以前由于科学技术的落后,直到 1904 年在我国的台湾地区淡水河支流才修建了装机容量 500 kW 的中国最早的水电站。新中国成立以来的 60 多年中,随着科学技术的进步,修建了大量水利水电工程,据资料统计,我国已建成水库 85 120 座,总库容 51 835 764 万 m^3。中国水能资源理论蕴藏总量(未包括台湾地区)为 6.89 亿 kW,可开发容量约 3.95 亿 kW,居世界第一位。截止到 2009 年,开发容量仅为 1.97 亿 kW,年发电量 2 129 亿 kWh,开发率按电量计算只有 15% 左右,远远落后于美国、加拿大、西欧等,也落后于巴西、埃及、印度等发展中国家。目前,中国水利水电建设进入了快速发展阶段,大量的大、中型水电站正在建设或在计划建设中,这些大型或中型水电站建设将为中国电网的优化和电力资源的平衡做出重大贡献,以及对防洪减灾、供水平衡、生态环境的改善等方面有着不可估量的作用。预期到 2020 年,全国水电装机容量将达到 2.5 亿 kW,中国将建成无数称冠世界的高坝、长隧洞、巨型电厂,制造出技术领先的机电设备,并解决好泥沙、环保等各种问题,中国的水电勘测、设计、施工、运行、管理、制造都将跃居国际领先水平,中国将成为世界水电大国和水电技术强国。

　　虽然我国水利水电建设取得了举世瞩目的成就,但是,"我们也清醒的认识到,我们的技术水平、管理水平和效率仍有待提高,否则难以完成历史赋予我们的任务",老一辈水利水电专家、清华大学教授、两院院士张光斗先生曾明确指出中国水利水电技术存在着"大江大河治理和开发的科学技术成就主要凭实践经验的总结。""要提高设计、施工工艺和管理、监理科技,提高质量,降低造价,缩短工期。要重视高坝大库生态环境科技。"

水利水电工程施工组织管理作为水利水电工程建设的一个重要组成部分,对于工程建设起着重要的作用,是工程建设的一个关键和重要环节,同时也是水利水电工程建设施工学科的一个重要组成部分,而水利水电工程施工场地布置又是水利水电工程施工组织管理中的一个重要内容,施工组织管理水平的高低直接影响施工技术水平的发挥和施工效率的提高。

施工组织管理的任务是研究和制订水利水电工程及其施工机构的生产业务活动的组织、计划和管理的最合理的方法和途径。水利水电工程施工是专业性特别强的专业工程施工,它具有如下特点:

(1)水利水电工程施工受水文、气象、地质、地形、水文地质等因素的限制很大,这些因素的综合影响,通常在工程施工开始前,往往很难全部事先预测,因此在勘测、规划、设计、施工的过程中,要不断收集这些基本资料,不断校正以往成果。

(2)水利水电工程通常需要在河道上修建水利枢纽,此时,必须考虑施工期间河道的通航、灌溉、发电、供水、防洪等方面的要求,造成了施工组织的复杂化,因此需要从河流综合利用的全局出发,组织好工程施工。

(3)水利水电工程特别是大、中型工程的工程量巨大,修建工期长,有的工程修建期长达 10～20 年甚至更长,这期间需要花费大量的资金、材料和劳动力,需要使用各种类型的机械设备。因此,要求在规划设计过程中,从国民经济的全局出发,做好综合平衡工作,在工程施工过程中,加强施工管理工作,重视提高经济效益。

(4)水工建筑物,尤其是河道上的挡水建筑物,通常关系着下游千百万人民的生命安全和财产安全。如果因为一些原因而造成施工质量不高,不但会影响建筑物的寿命和效益,而且会增加改建和维修的费用;更严重的是会造成建筑物失事,给国民经济造成不可弥补的损失。因此,除了在规划设计中讲究质量和安全,在施工中还要认真加强全面质量管理,注重工程安全。

（5）水力资源一般多分布在交通不便的地区，因此组织工程施工必须修建专门的对外交通线路、通信线路等，还要建立必要的施工辅助企业和临时设施，以及职工和家属的住宅、文体娱乐设施。

水利水电工程施工场地布置是根据水利水电工程建设施工的专业特点和施工组织管理的要求，以及工程特点和施工条件，研究解决施工期间所需的辅助企业、交通运输、仓库房屋、动力、给排水管线及其他施工设施等的平面和立面布置的问题，使得工程能在规定的期限内顺利完成，又能最大限度地节约人力、物力和财力，为整个工程合理施工创造条件，同时尽最大可能地减小对环境影响和对生态的破坏以及防止引起其他负面效果。因此，施工布置合理与否，会直接影响到工程造价、施工进度、施工安全和施工组织、施工质量、周围环境和生态等各个方面。水利水电工程施工场地布置作为工程施工组织设计的一个重要组成部分，有其自身的特点：

（1）广泛性。施工总体布置图是施工组织设计的主要成果之一，一般来讲，其包括一切地上和地下已有的建筑物和房屋、一切地上和地下拟建的建筑物和房屋、一切为施工服务的临时性建筑物和临时设施，其中主要有：

①导流建筑物，如围堰、明渠、隧洞等。

②运输系统，如各种道路、车站、码头、车库、桥涵等。

③各种仓库、料场、弃土渣场。

④各种料场及其加工系统，如土料场、砂料场、石料场、碎石筛分工厂、砂砾分选装置等。

⑤混凝土制备系统，如混凝土工厂、骨料仓库、水泥仓库等。

⑥机械修配系统，如机械修理厂、修钎厂、机械路等。

⑦其他施工辅助企业，如钢筋加工厂、木材加工厂等。

⑧金属结构、机电设备和施工设备的安装基地。

⑨水、电和动力系统。

⑩生产和生活所需的临时房屋。

⑪安全防火设施和其他。

（2）动态性。水利水电工程施工是一个改造自然的过程，永久性建筑物将根据施工进度的安排,按照一定的顺序来建造并投入运转,施工场地布置中的建筑物和临时设施随着施工进度计划的进行,也在动态地发生变化,如临时性建筑物及其临时设施往往随着施工的需要而逐次建造,它们在使用完成后,或是拆除转移或是实效报废。因此,施工场地布置实际上是一个动态变化过程,它与工程施工过程相互作用、相互影响。合理的施工场地布置能促进工程施工按照进度计划顺利完成;反之,则会给工程施工带来负面影响,延误工程施工进度,增加工程造价,严重的甚至会影响当地的社会、经济等未来的发展方向。

（3）复杂性。施工场地布置解决的是施工区域的空间组织问题,同时要与工程施工进度的时间安排协调起来,这已经构成一个四维问题,即三维空间加上时间维。对于大型工程已经是一个复杂的问题,但水利工程施工还受到施工导流程序的影响,更增加了其复杂性。有时场地布置还要与当地的城镇建设规划结合起来,受到当地的社会、经济等方面的影响。另外,施工场地布置中的各建筑物之间及其内部均相互发生作用、相互影响。例如,混凝土生产工厂,交通运输系统,各种料场、渣场等相互间也有影响。因此,施工场地布置的复杂性是显而易见的。

（4）隐秘性（不可预见性）。因施工场地布置的复杂性和动态性,所以布置过程具有不可预见性,布置最终成果是一张张平面图及表格,难以反映其布置过程和布置结果的适应性。

（5）场面宏大,占用空间多。在枢纽布置已定的情况下,通过施工过程来完成枢纽的建设,一系列为施工建设服务的设施要占用大量的空间,一般从几平方千米到十几平方千米,河道、山坡、山顶等竖向空间也同时为施工服务。在这些空间内,其他一切生产和生活活动均服从于工程施工需要,而失掉其原有的功能,势必给施工区域的经济、社会生活带来一定的负面影响。

（6）时间跨度大,施工周期长。一项水利水电工程的施工周期一般为3～5年,多则10～20年,为施工服务的空间长期处于占用状态,丧失其原有的空间功能,如土地不能耕种,河流不能顺利通航等。

（7）影响范围广。由于水利水电工程施工周期长,占用空间大,给水利水电枢纽周围的地方政府和群众生活造成一定的影响,交通、生产、生活、农业、工业、商品流通等方面均受到一定程度的影响,甚至影响到当地的地理、人文、文化、教育等方面。

(8)滞后性。场地布置的协调和合理与否,在场地布置规划和设计完成后,由于其布置的隐秘性问题的暴露是不会立刻发现的,在付诸实施后,一些问题就会不断的暴露,需要施工组织者处于一种临时调整和控制的角度进行指挥,无形中增加了大量的工作。

由于有以上这些特性,所以施工场地布置的效果如何,检验十分困难,经常是各有理由,施工中发生冲突和争吵就不可避免,而国内目前也没有相应的规范和规定,同时施工场地布置也没有引起各方面有关人员的重视和深入研究,常常按照施工常规从事这一方面的工作。在发生冲突时,不是从本质上考虑解决问题的办法,而是从各自的利益出发,认为占用足够大的场地就可以解决所存在的问题。固然,短期看是可以解决当前面临的困难,但从长期看,使得施工人员形成了一种不良的习惯,一味贪图占地面积的扩大,而没有从科学的角度进行严密计算、合理布置、综合评价。结果是有工程施工的地方,就有关于场地问题的冲突,每一个工程的管理者都面临着无法回避的场地布置问题。

解决施工场地布置问题,技术人员的实践经验在布置中占有极其重要的位置。但是,即使非常有经验的人员所布置的施工场地也不可避免地存在布置不合理的现象,因为水利水电工程施工场地布置理论基础薄弱。施工现场由于分散和远离城市,反映现场布置效果的资料收集困难重重,理论论证又没有雄厚的基础,但实际中确实存在着这种布置冲突的问题,因此有必要进行深入研究。

一般地讲,施工场地布置应坚持理论知识为指导,实践经验为背景,具体方法为手段,计算机决策支持为工具。即以场地布置的系统理论知识为指导从事布置的规划和设计工作,在布置的过程中,方案的优选,具体位置的选择,则依靠技术人员的实践经验和文化素质,在这种背景下,以具体的布置方法为手段进行布置。随着计算机技术的发展,新的工具不断涌现,将计算机决策支持系统应用到场地布置中,可以有效地解决人工所不能达到的效果以及减轻人工工作的工作量、快速方便地进行方案调整。

水利水电工程施工场地布置规划一般应遵循如下原则:因地制宜、因时制宜、有利生产、方便生活、易于管理、安全可靠、经济合理。此外,根据具体水电站的自然条件和工程条件,确定施工场地布置的具体原则,例如:统筹兼顾,全面规划;主要施工工厂和临时设施规划一步到位,分期施工,分期投产;以主体工程施工需要为中心,进行道路、压气、供水、供电、通信、渣场和施工工厂设施的布置,尽可能优化总体施工工艺;根据当地城镇发展规划,布置生产、生活区,两区要适当分开,避免互相干扰;遵守有关法规,充分利用有限土地资源,尽量少占耕地,保护生态环境,防止污染;等等。

随着大量大、中型水利水电工程的建设,在现有技术发展条件下,必须提高施工技术水平和管理水平,重视水利水电工程施工场地布置的研究,提出更加合理和切合实际的布置方案,这将对工程建设具有如下重要的意义:

(1)促进水利水电枢纽所处地区的社会、经济的发展,造福当地人民。

(2)合理的布置会美化周围环境,使人与自然和谐共处,成为当地的旅游景观和人文景观。

(3)减少土地资源的浪费,保护耕地和经济作物的生长。据不完全统计,截至1997年,全国已建成和在建的304座大、中型水利水电工程,淹没耕地623万亩(1亩$=1/15\ hm^2$,下同),平均每座水利水电工程淹没约2.06万亩。

(4)保护库区环境,控制环境污染。水利水电工程施工由于其施工的专业性特点,大量施工人员和大型机械设备进入施工场区,有的工程高峰时期施工人员可以达到上万人,大型机械设备上百台(套),这些都将给施工地区的水资源、交通、噪声、大气、人群带来不同程度的破坏,因此需要科学、合理地进行施工场地的布置研究。

(5)防止水土流失和保护生态环境。一般来说,库区周围生态环境比较脆弱,随着施工的进展,必然要开山放炮,剥离一些植被,需要合理安排和采取必要的措施。

（6）保证工程施工进度计划的顺利实施。合理的场地施工布置可以促进工程施工进度计划的按期完成；反之，就会导致进度计划不得不受到延误，造成工程延期。

（7）减少工程施工过程中的人为干扰，以及施工各方内部之间的纠纷和冲突。

（8）降低工程造价，为社会节约财富。合理的场地施工布置可以减少施工材料、机械等在场地之间的二次倒运，以及减少工程施工场地的占用面积，从而降低工程造价。

（9）保证工程质量和工程安全施工。合理的场地施工布置可以保证工程有条不紊的按照计划有步骤地实施，减少施工过程的混乱，使得施工过程能在安全的条件下进行，保证工程的施工质量。

（10）可以促进工程施工科学化进行，使得施工过程由粗放型向精细化转变。

1.2　研究背景及国内外研究现状

水利水电工程建设由于投资多、工程量大、工期长、影响范围广和影响因素多，因此与国民经济建设其他领域相比较，计划色彩较浓厚，通常采用指挥部形式的大规模施工方式，从而造成了我国水利水电工程施工一般仅重点考虑工程进度和质量，没有形成在经济和效率方面多作认真研究的习惯。这样虽然解决了当时社会环境下社会、经济、政治等方面的问题，促进了生产，改善了人民群众的生活，改善了环境和生态，但是也形成了工程施工过程中的粗放型管理习惯，工程施工管理人员、技术人员和操作人员缺乏从经济和效率方面思考问题，以及缺乏对区域生态和环境的保护意识。迄今为止，这种习惯做法还在一些工程施工企业、公司、单位有某种程度的影响，遗留的问题对水利工程和水电站所处区域环境的负面影响还在影响着今天人们的生活和生产。随着社会主义市场经济体制的建立和深入，水利水电工程建设形式的改变和同国际市场的接轨，以及科学技术的发展和人们科学素养的提高，工程建设与施工所要求的科学化、精细化、严谨化等也就成为必然的选择和必须要考虑的问题。因为,在市场经济条件下,可耕地和土地是非常珍贵的,它们是工程所处地区人们赖以生活、生存的根基和基本的生存必需品,土地的征用将变得昂贵,在工程施工过程中,可利用的施工场地必将是越来越有限的,环境保护、防止水土流失、保护生态平衡等各种法律、法规的限制也越来越完善和严格,如何在有限的可利用空间内,在不违反国家法律、法规的条件下,按照进度计划的要求完成工程建设,并同时提高施工效率,以及满足环境保护、生态平衡、安全等多方面的要求,就成为一个需要深入研究的课题。国内一些较早进入市场的部门和公司、企业,以及一些管理市场的政府部门已经深刻地注意到这一问题,因此有必要研究有关水利水电工程施工场地布置这一问题。

水利水电工程施工场地布置在我国的研究还比较滞后,缺乏系统性的研究和先进的研究成果,研究范围有一定的局限性,从事施工场地布置专题研究的人员还不是很多,20世纪90年代中期该项研究才引起注意。从现有可查的文献资料看,在国内,多采用数学理论方法进行水利水电工程施工场地布置的研究,有人利用最优化方法计算出最小成本或最短线路等对施工场地布置进行研究,也有人从施工场地布置方案评价的角度进行研究,但是研究成果多比较零散,没有系统化。在水利水电工程施工场地布置方面,武汉水利电力大学胡志根、肖焕雄做出了一定的贡献,曾发表了一系列论文,对水利水电工程施工场地布置方案的优化进行了探讨。例如:"砂石料料场规划模型研究"、"砂石料料场开采顺序优化模型研究",这两篇文章系统分析了砂石料料场建设、开采、加工、运输、储存等环节间的关系,建立了料场开采顺序的混合整数规划模型,并进行了求解,选择出经济合理的规划方案;"施工系统中混凝土拌和工厂位置选择综合评价模型",该文以系统分析的层次性原理为基础,用可能性-满意度计算方法,建立了厂址选择的综合评价模型,并通过实例进行了验证,但该文仅考虑了混凝土拌和工厂位置选择的评价,而水利水电工程建设要涉及大量的临时设施,相互之间要受到干扰,因此该文的观点对于单独的施工设施布置有一定的意义。另外,有些文献针对一些具体的水利水电工程施工提出了场地布置的方法和方案,但缺乏理论基础和系统性。因此,这从非常有限的文献数量可以看出,水利水电工程施工场地布置的研究在国内开展的还不是很活跃,研究成果还是比较零散的,多局限于具体的设施布置,如混凝土拌和工厂如何布置等,缺乏从系统性的角度进行研究。

在工业与民用建筑工程施工场地布置方面,清华大学和中国建筑一局集团的张建平、邢琳涛曾针对民用建筑工程施工研究了施工场地布置的问题,并发表了论文"计算机图形系统在建筑施工中的应用"和"建筑施工进度计划与场地布置计算机图形系统的实际应用"。在这两篇文章中,作者介绍了所研究的成果,即应用计算机图形技术,以形象的三维实体图形表达施工进度与场地布置,以及对项目施工计划和进度实施控制管理的办法。但该文仅考虑了多层建筑物的空间利用和进度计划的协调,以及随着进度计划的推进建筑物场地的变化和建筑物体形的现状,对于施工区域的选择、布置,临时设施的设置没有讨论,而且,所讨论的问题属于工业与民用建筑范围,它同水利水电工程施工有一定的区别。

由此可见,国内在这一领域的研究成果有限,并没有引起研究人员的足够重视,现有的成果非常零散,缺乏系统的理论成果,但是从已发表的文献内容也可以发现,场地布置这一问题已引起有关研究人员的关注。

国外在这一领域的研究介入比较早,发表了许多有关文献,从可查的文献资料来看,关于这一问题最早可追溯到 20 世纪 60 年代,G. C. Armour 和 E. S. Buffa 早在 1963 年就发表了有关设备和设施位置选择和布置的论文,但研究范围侧重于施工工厂,随后发表了一系列有关这一方面的文章。进入 70 年代,C. M. Eastman 发表了几篇关于空间分析和空间设计、布置的论文,但研究的范围基本还是针对施工工厂,到 70 年代中期,他曾研究了计算机辅助建筑物空间的设计和分析的内容,另外,研究的范围是机械设备的合理布置问题。到 80 年代,对于施工场地布置的研究进入了一个高潮阶段,C. Popescu,J. Moore,J. M. Neil 等进行了这一问题的研究。到 1989 年,I. D. Tommelein 完成了施工场地布置的博士论文,并发表了研究成果——利用专家系统的方法解决这一问题的有关论文。进入 90 年代,在施工场地布置研究的领域,I. D. Tommelein 是一个具有代表性的人物,发表了多篇有关这一领域研究的文章,在 90 年代初,他的研究成果多采用专家系统和人工智能的方法,并开发了相应的计算机软件。90 年代后期,则集中于基于 GIS 平台研究施工场地布置问题。他的合作伙伴 P. P. Zouein 也发表了几篇文章讨论了有关施工场地布置的研究成果。近三年来,对于施工场地布置的研究除了 I. D. Tommelein 和 P. P. Zouein 以外,我国台湾地区也有人在进行这一问题的研究,如 Cheng Min-Yuan 和 Yang Shin-Ching、Guo Sy-Jye 等,其研究方法同样是基于 GIS 平台研究建筑材料的合理堆放和建筑材料在施工场内二次搬运所引起的费用减小方法,以及有关施工场地布置时易发生矛盾冲突的分析方法和解决办法。

纵观国外文献,针对这一问题的研究从开始时采用建立数学模型,用数学的方法研究解决施工工厂的设施和设备合理布置问题以及施工场地布置中设施和设备的位置选择优化的问题;到后来利用计算机技术、人工智能、专家系统等技术来研究解决这一类型的问题;最近几年,其研究方法则多是基于 GIS 技术,结合以前所建立的数学模型,研究施工场地布置这一领域出现的问题。计算机技术的发展为研究该领域的问题提供了有力的武器,尤其是 GIS 技术和软件的日趋成熟,使研究施工场地布置这一问题更加具有了说服力。因为建筑业所工作的对象是改造自然形状和利用地形、地貌、地质等自然形成的因素,建造可为人类造福的构筑物,GIS 技术强大的自然空间分析能力和便利的三维可视化分析能力,为现代建筑业带来了强大的冲击力和提供了技术变革手段,减少了施工过程中不确定因素的发生和扩大了对于不确定因素的控制范围。国外对于建筑业的施工场地布置问题的研究范围同样多集中于工业与民用建筑领域,水利水电工程施工的场地布置研究文献非常有限。但是,从中可以借鉴国外的这种研究思路,为我们的研究开阔视野。

通过以上文献综述可见,虽然研究领域多集中于工业与民用建筑,但是工程施工有其内在的规律和联系,结合水利水电工程施工的特性,针对其施工场地布置的研究在技术上是完全可行的。因此,开展水利水电工程施工场地布置研究具有了一定的技术条件和技术基础。

1.3 研究内容

　　纵观国内外文献资料,对水利水电工程施工场地布置的研究文献很有限,研究的深度和广度也各有特点。水利水电工程施工场地布置涉及水文、气象、地质、地形、地貌等特定的因素,研究内容必然有其特点,而且对于施工场地布置人们的经验知识占有非常重要的位置。综合考虑水利水电工程施工场地布置特点及在布置时需要对施工场地布置经验知识的处理,本书拟在以下几个方面开展研究工作:

　　(1)通过对文献资料的查阅和工程施工现场的调研,以及在对水利水电工程施工场地布置系统分析的基础上,对于施工场地布置系统进行层次划分,明确研究范围、研究目标、研究步骤及研究内容,并在研究内容中着重强调水利水电工程施工场地管理和绿色施工场地布置两个概念,以便在进行水利水电工程施工场地布置研究时强化对这一问题的认识和在研究过程中给予足够的考虑。

　　(2)施工设施的布置在施工场地布置中占有重要的地位,因此拟对施工场地设施布置基本理论、方法,施工场地布置调整、优化与评价方法等方面进行研究,并结合施工场地布置经验知识的处理提出基于人工神经网络方法的施工场地设施布置方法,以利用人们形成的宝贵经验知识。

　　(3)在施工设施布置研究完成后,连接施工设施的交通运输系统方案的决策就起着重要的作用,有必要进行研究,合理的交通运输系统有利于施工设施容量的发挥和保证工程施工顺利进行。因此,提出了水利水电工程施工交通运输系统的分析方法、施工场地道路布置方法、施工场地道路通行能力计算方法、施工场地道路通行能力模拟以及在合理的道路系统布置和道路通行能力下,施工场地车辆的优化调度决策方法。

　　(4)水利水电工程施工是一个动态的过程,对于已布置完成的施工场地,在施工过程中,由于进度计划的要求,施工场地往往要发生小范围的变化,这种变化可能引起施工场地和进度计划间的冲突,因此提出基于施工场地-进度计划冲突识别方法、施工场地-进度计划冲突解决策略和方法等,以应对施工过程中的场地变化,保证总计划的完成。

(5)由于水利水电工程施工场地布置中涉及大量的经验知识及一些模糊概念的处理,如何合理、科学地处理这些知识和概念对施工场地的布置方案选择有着至关重要的作用,而且施工场地布置方案的决策经常受到人为因素的干扰,如何有效地排除这些干扰,使得方案决策更具有科学性是需要深入研究的课题。因此,本书系统地提出施工场地布置的半结构性多目标模糊决策方法,并从半结构性多目标模糊决策方法的基本概念和理论、定性指标的确定、权重的确定等方面进行论述,提出施工场地布置决策模型以及通过实例验证所提出方法的效果。

(6)随着计算机技术的成熟和发展,新的应用软件大量涌现,为水利水电工程施工场地布置提供了强大的辅助决策手段,其中应用地理信息系统(GIS)技术和可视化技术以及数据挖掘技术建立水利水电工程施工场地布置决策支持系统,对施工场地布置方案涉及的地形、地质、永久性建筑物、场地布置设施等进行三维可视化的实现,再现其真实的施工场地布置场景,以及从累计的数据中发现一些隐含的知识并对结果可视化,可以直观地发现施工场地布置中所存在的问题,这些都将对决策者的决策有着不可估量的作用。因此,进行水利水电工程施工场地布置决策支持系统的研究和探讨,将会改变和促进施工场地布置方案决策的技术手段。

水利水电工程施工场地布置涉及多个学科和专业,是一项综合性的任务和工作。它涉及水力学、水文学、交通工程学、道路工程学、运输工程学、区域规划、经济地理、城镇规划、物流工程、工业与民用建筑、工厂设计、管理学、经济学、环境保护、生态保护、计算机科学和工程、图形图像处理等多个学科,要求研究和设计规划人员具有广博的知识和丰富的实践经验。

第2章 水利水电工程施工场地布置系统分析

2.1 施工场地布置范围确定

水利水电工程施工场地布置研究的目的是解决施工地区的施工设施的合理布置和场地管理问题。水利水电工程施工场区影响范围一般来讲约几千米到十几千米,甚至有的工程辐射范围更大,合理地确定水利水电工程施工场地范围有利于研究工作的开展、明确目标及对重点问题进行深入研究。

水利水电工程多处于交通不便的山谷地区,施工场地不够开阔,运输不够顺畅,施工时经常是在河流上进行,受地形、地质、水文、气象等因素的影响很大。由于水工建筑物一般都是由许多分部工程组成的,工程量大、工种多、施工强度高、标段多、承包商多,因此施工干扰大。施工过程中,有许多爆破作业、地下作业、水下、水上、高空作业等,因此必须有足够的作业场地以及必要的空间交错,以保证安全施工。有时,施工涉及很多部门的利益如灌溉、航运、工业和城市用水等,这些因素均增加了施工的复杂性,需要综合考虑。

水利水电工程施工场地布置按其用途、场地特性、范围、施工对象等可划分为以下几种类型:

(1)施工场地的总平面布置(如施工设施位置的选择、交通线路的选择等)和施工过程中施工场地的管理(施工过程中的场地分配和交换、施工材料的二次搬运、施工场地的多次重复利用等);

(2)施工场地范围内三维空间的布置(忽略时间因素的空间布置)、四维空间的布置(考虑时间因素 T、X、Y、Z),甚至五维空间的布置(考虑时间因素 T、X、Y、Z、H,如大坝混凝土浇筑时的缆车的运行限制);

（3）企业内部的布置（以施工生产活动为中心，如土建工程的施工、机电设备的安装、金属结构的安装）和企业外部的布置或公共设施部分的布置（如施工工地场内交通路线、为施工服务的居住区、为施工服务的加工厂等）；

（4）标段内的布置（本标段分配的施工范围内施工空间的布置，材料的堆放、施工工序要求的最小工作空间和施工工序间的交通运输最小空间）和标段外的布置（标段范围外的道路、河流、配套工厂等）；

（5）为施工服务的永久性建筑物的布置（在施工期间为施工服务，施工完成后即作为其他用途或略加改造用做其他用途）和临时性建筑物的布置（施工完成后即行拆除）；

（6）水工建筑物范围内，施工期间的场地布置（如地下洞室开挖、大坝填筑、导流明渠开挖等）和水工建筑物范围外的场地布置（如砂石料场、混凝土生产工厂、钢筋加工厂等）；

（7）河道上的布置和河道外的布置；

（8）地下工程施工场地布置和地上工程场地布置；

（9）水上和水下施工场地布置；

（10）水工建筑物上游和下游施工场地布置。

所有这些分类都是从不同的角度，根据不同的需要来进行布置的，其目标是一致的，即遵从满足施工生产的需要、为施工生产服务、便于管理和指挥，然后考虑安全、方便、环境保护、水土保持等方面的问题。

在永久性水工建筑物位置已定的条件下，将所要建造的永久性水工建筑物作为参照物，在其周围合理规划施工场地的布置，这样可以使施工过程顺畅、减少临时性建筑物数量、增加施工中的安全性、可以有效地保护施工区域范围内的生态环境等；反之，则会使施工过程陷入混乱，施工安全性减小，施工质量得不到有效的保证，施工区域的生态遭到破坏，环境遭到污染，严重的甚至于延误工期，给工程建设带来不可弥补的损失。

根据研究目标和内容,本书仅研究施工场地的总平面布置(如施工设施位置的选择、交通线路的选择等)和施工过程中施工场地的管理(施工过程中的场地分配和交换、施工材料的二次搬运、施工场地的多次重复利用等)。其他水利水电工程施工场地布置划分类型,因与本书研究关系不密切,故不属于本书研究的范围。

依据水利水电工程施工的特点,一般来讲,水利水电工程施工场地布置所需要考虑的永久性建筑物和场地布置所需要布置的建筑物有一切地上和地下已有的建筑物和房屋、一切地上和地下拟建的建筑物和房屋、一切为施工服务的临时性建筑物和临时设施,其中主要内容有:

①导流建筑物,如围堰、明渠、隧洞等。

②运输系统,如各种道路、车站、码头、车库、桥涵等。

③各种仓库、料场、弃土渣场。

④各种料场及其加工系统,如土料场、砂料场、石料场、碎石筛分工厂、砂砾分选装置等。

⑤混凝土制备系统,如混凝土工厂、骨料仓库、水泥仓库等。

⑥机械修配系统,如机械修理厂、修钎厂、机械路等。

⑦其他施工辅助企业,如钢筋加工厂、木材加工厂等。

⑧金属结构、机电设备和施工设备的安装基地。

⑨水、电和动力系统。

⑩为生产和生活所盖的临时房屋。

⑪安全防火设施和其他。

以上这些建筑物基本上可以分为以下四个部分:

(1)导流工程,含①项。

(2)筑坝材料生产工厂,含④、⑤项。

(3)运输系统,含②项。

(4)附属工厂,含③、⑥、⑦、⑧、⑨、⑩、⑪项。

其中,(1)、(2)、(3)是施工过程需要的主要项目,(4)围绕前三项进行布置,为前三项服务。

如图 2-1 所示,导流工程、筑坝材料生产工厂、附属工厂这三项均是为永久性工程施工服务,运输系统通过以上三项间接的为永久性工程施工服务,即运输系统通过导流工程、筑坝材料生产工厂、附属工厂等将永久性工程施工所需要的建筑材料、机电设备、施工人员等运送到指定地点,进行工程的施工,同时它将永久性工程施工中所产生的施工废料、剩余的建筑材料和施工设备运送到不同地点,以腾出施工场地供后续施工所用。

导流工程布置包括泄水建筑物和挡水建筑物的布置,一般有导流隧洞、导流明渠、底孔和坝体缺口、导流涵管、厂房导流建筑物、围堰等建筑物的布置问题。由于导流工程布置与导流方案有着密切的关系,而其与水文条件、地形条件、地质和水文地质、水利水电枢纽建筑物的型式及其布置、施工期间河流的综合利用、施工进度、施工方法、施工场地布置、主体工程发挥效益的时间、导流程序、导流费、导流建筑物的可靠性等因素有关,是一个非常复杂的问题,应该属于导流方案选择研究领域,不在本书研究范围之内。

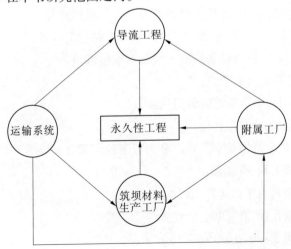

图 2-1 水利水电工程施工场地布置建筑物构成

在本书研究的范围内,现假设施工导流方案已定,将导流工程建筑物同永久性工程建筑物一并考虑,看做一个整体,统称为永久性工程建筑物。本书仅研究在永久性工程建筑物(含导流工程建筑物,以下简称永久性工程建筑物)位置已确定的情况下,筑坝材料生产工厂、运输系统、附属工厂等临时性建筑物的场地合理布置问题。

2.2 施工场地布置内容

根据 2.1 节所确定的研究范围,即施工场地的总平面布置(如施工设施位置的选择、交通线路的选择等)和施工过程中施工场地的管理(施工过程中的场地分配和交换、施工材料的二次搬运、施工场地的多次重复利用等),以及所界定的研究内容,应用系统分析方法。其所包含的内容可以概括为:水利水电工程施工总平面布置中的施工设施布置和交通运输布置,施工过程中的施工场地管理。施工设施布置需要在限定的场地范围内,选定可行、最优、合理的位置以布置施工设施满足工程施工的要求,在施工设施数量多的情况下,需要利用一定的布置方法使得他们之间不会产生互相干扰。因此,单设施布置可能有最优或合理的位置,在多设施布置时可能产生矛盾,需要综合权衡以便达到在多设施布置中的群体合理。在施工设施布置合理最优的条件下,交通运输的布置将会对其产生影响,甚至因为交通运输布置而需要调整施工设施的布置,交通运输的布置涉及施工道路的优化、道路通行能力的计算等。施工过程中,施工活动场地需要根据工程施工进度计划有效地调整,以达到成本最小,施工场地最有效的利用,此时,已布置完成的施工设施将会对施工过程中的施工场地管理形成影响,如何在边界限定的条件下,使得施工过程中施工场地得到最有效的利用,将是施工场地管理的研究课题。水利水电工程施工场地布置系统分析内容如图 2-2所示。

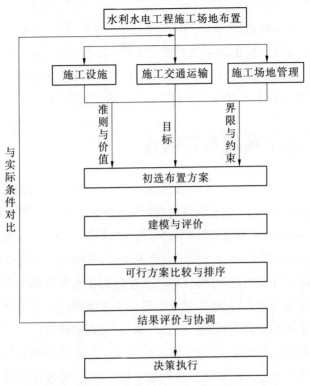

图 2-2　水利水电工程施工场地布置系统分析内容

2.3　施工场地布置层次划分

　　水利水电工程施工场地布置时受大量的因素影响,也就是施工场地布置所处的环境,在这些因素的影响下,如果不合理的划分层次,将会使人陷入混乱之中,给施工场地布置工作带来干扰。合理的层次划分,将会使人思路清晰,目标明确,容易解决所面对的问题。水利水电工程施工场地布置外部影响因素如图 2-3 所示。

　　图 2-3 中所列的 11 个因素,是影响水利水电工程施工场地布置的外部因素,其中水利水电枢纽的组成和布置、对外交通运输条件、施工

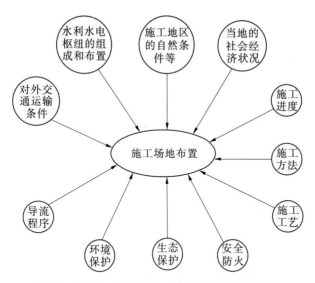

图2-3 水利水电工程施工场地布置外部影响因素

进度、施工方法等是影响施工场地布置的主要因素,在这些复杂的因素影响下,场地布置需要合理地划分层次,以便集中目标,开展研究工作。根据水利水电工程施工场地布置特点,施工场地布置所处环境以及内部因素的相互作用如图2-4所示,图2-5为施工场地布置系统层次的划分,结合2.2节的施工场地布置内容,就可以目标清晰地开展水利水电工程施工场地布置研究工作。

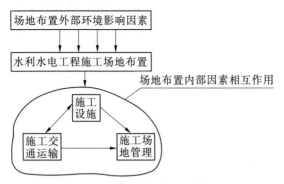

图2-4 水利水电工程施工场地布置系统环境分析

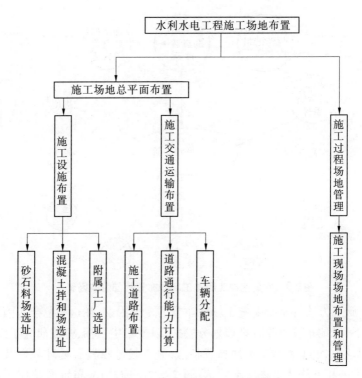

图 2-5　水利水电工程施工场地布置系统层次

第3章 水利水电工程施工场地设施布置决策方法研究

3.1 施工场地设施布置基本理论

3.1.1 概　述

　　水利水电工程施工场地总平面布置包含施工设施布置和施工场地交通运输布置,一般来讲,先进行施工场地设施布置,根据设施布置情况,布置施工场地交通运输系统。水利水电工程施工场地设施布置可以认为是围绕永久性建筑物的小区域规划问题,规划的目的是在合理的区域内以合理的场址布置为永久性建筑物施工服务的附属和临时性建筑物,通过这些建筑物提供工程建设所需的人员、材料、机械的合理住宿、堆存、生产等的地点,并且要求在满足各项功能的前提下,所花费的成本最小、工期尽可能的短、对周围环境和生态的影响尽可能的少等。规划的任务是解决在工程建设期间施工现场的场地(平面和立面)总组织问题,具体讲就是根据永久性建筑物的布置(枢纽布置)和坝区附近的地形地貌,研究解决施工场地的分期、分区规划,对施工期间所需的交通运输、施工工厂设施、仓库、房屋、动力、给排水管线及其他施工设施进行平面、立面布置和规划。规划布置总原则应遵循因地制宜、因时制宜、有利生产、方便生活、易于管理、安全可靠、经济合理。

　　水利水电工程施工是一个改造自然的过程。在永久性工程施工过程中,永久性建筑物将随着施工进度计划的安排,按照一定的顺序来建造并投入运转。施工所需的临时性建筑物及其他临时设施、生产工厂等也同样随着施工进度的需要而逐步地建造,这些临时性建筑物在使用完毕后,或是拆除转移或是失效报废。同时,随着永久性建筑物和临时性建筑物的修建,水文、地形等自然条件也必然受到影响和变化,它们又反过来影响施工临时设施的布置。因此,研究水利水电工程施工场地布置问题,解决施工设施的场地组织和布置,必须与施工进度所安排时间协调起来,同时还必须考虑施工导流程序的影响,甚至还要结合当地的城镇建设规划、区域的生态环境保护及经济和社会发展战略。一般对于大型水利水电工程施工的场地布置,由于施工工期较长,有的可能达十几年,经常根据不同时间段的施工条件和特点,分期编制施工场地布置方案,以适应不同时期的施工需要。

解决水利水电工程施工场地布置和组织问题是一项复杂的工作,它受到一系列因素的综合影响,其中主要有水利水电枢纽的组成和布置、施工地区的自然条件(如地形、水文、地质、水文地质、气象条件等)、交通运输条件、当地的社会经济状况、导流程序、施工进度、施工方法、施工工艺、安全防火、生态保护、环境保护等。

每一个因素对于水利水电工程施工场地布置都有着不同的影响程度,纵观这些因素,从服务于生产的角度分析,最主要的影响因素是水利水电枢纽的组成和布置,不同的枢纽形式、组成、布置,有与其相适应的布置方案,如混凝土大坝为主体的枢纽,就应以混凝土生产系统为重点,环绕它来规划布置各项辅助企业和临时性建筑物,而对于土石坝为主体的枢纽,则应将重点放在土石料场的组织和材料的运输上坝及堆放上。对于引水工程,则应将重点放在进取水口工程上,如果线路较长,还须在线路中间设立辅助的施工场地等。其他因素也同样对于场地布置有着或多或少的影响,但一般均居于从属的位置,布置时需要综合考虑,协调合理。

由于水利水电工程施工场地布置的复杂性,在对施工现场作小区域规划和场地组织时,就需要认真分析原始资料,作出合理规划和布置。但是,从现有的资料、手册、规范等来看,仅有原则性的规定,如何使施工场地布置既能满足施工的需要,又兼顾到各方利益,并得到优化的方案,就成为一个需要深入研究的问题。

水利水电工程施工场地布置是科学性和艺术性的结合。一个好的施工场地规划和布置,一方面通过科学方法的采用可以满足工程施工所需,给施工创造顺利进行的环境,另一方面通过规划布置人员的艺术性展现,使得规划和布置给施工各个方面创造出一种美的氛围,以及心情愉悦的环境,使得施工人员将枯燥乏味的劳动在环境优美、心情愉悦的氛围里愉快的完成。

在永久性工程建筑物(枢纽)布置已确定的情况下,施工场地的规划布置就成为一个关键问题,建立一套水利水电工程施工场地规划布置的理论有着重要的意义。

水利水电工程施工场地布置是建立在大量的基本资料基础之上的,通常这些基本资料有:

(1)施工地区的地形图。

(2)拟建枢纽的布置图。

(3)施工地区的城镇建设规划。

(4)工地对外交通运输设施。

(5)航运资料及车站、码头等的位置和特征。

(6)施工现场附近的居民点和工业、企业的资料。

(7)采料场的位置和范围。

(8)河流的水文特性、施工地区的工程地质、水文地质及气象资料。

(9)施工方法。

(10)导流程序和进度安排。

(11)施工地区的生态规划。

(12)施工地区的环境保护规划。

(13)当地社会、经济发展规划和战略。

水利水电工程施工场地设施布置时,根据永久性建筑物工程施工的需要,按照场地平面划分范围通常可以分为以下几个部分:

(1)主体工程施工区。

(2)辅助企业区。

(3)仓库、站场、转运站、码头等储运中心。

(4)施工管理区及主要施工工段。

(5)建筑材料开采区。

（6）机电、金属结构和大型施工机械设备安装场地。

（7）工程弃料堆放区。

（8）生活福利区。

在时间轴上，按照进度计划的安排，通常施工场地设施的规划和布置可以划分为以下几个阶段：工程准备阶段、主体工程施工阶段、工程完建阶段。

由于水利水电工程施工场地布置时，施工设施的布置是按照进度计划的时间段和施工场地分区来进行，在不同的阶段进行不同分区的布置，具体内容如图3-1所示。

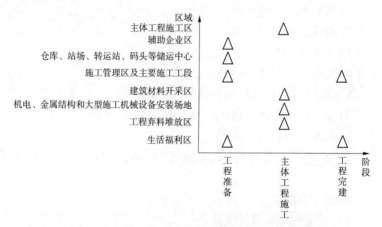

图3-1　水利水电工程施工分区、分阶段场地布置内容

3.1.2　水利水电工程施工场地设施布置基本理论

水利水电工程施工场地设施布置要求在有限的区域范围内，集中布置大量的为生产服务的施工设施，这需要布置的施工设施数量大，且有施工方面的技术要求以及这些设施互相之间又有一定的联系和作用，布置工作非常复杂且需要反复多次的修改。通常进行施工场地设施布置多依靠经验知识，通过一定的定性分析进行施工场地布置，但单靠定性方法不足以完全反映其内在的规律和联系，还需要通过定量方法进行精确计算，从数量关系上进行分析，然后两者结合起来对施工场

地布置方案进行评价。经过对文献资料的查阅,定量分析方法很有限,且没有形成一套系统性比较强的方法体系,仅有部分零散的辅助经验知识的定量分析方法,如水利水电工程施工布置中的一些定量指标,各布置方案土石方平衡计算成果(场地平整的土石方工程量、生产和生活福利设施的建筑面积及占地面积),风、水、电系统管线的主要工程量(材料、和设备等),有关施工征地移民的各种指标,施工工厂的土建和安装工程量,其他临建工程量。因此,有必要在定性分析的基础上研究出系统的定量方法进行施工设施的场地布置工作。

在进行水利水电工程施工设施场地布置时,依靠人们的经验知识,定性分析的评价指标通常有:

(1)布置方案能否充分发挥施工工厂的生产能力。

(2)布置方案能否满足施工总进度和施工强度的要求。

(3)布置方案中所规划布置的施工设施、站、场、临时性建筑物、平面与立面的场地交叉等是否协调,是否有干扰。

(4)施工分区是否合理。

(5)为工程施工服务的社会化企业的可能性和合理性如何。

(6)布置方案中的设施是否与当地的生态环境保护、环境保护工作方案造成冲突。

(7)布置方案是否符合施工习惯,以及在人性化、便利性、规范化等方面有充分的考虑。

(8)布置方案在安全性方面如何考虑。

在定性分析的基础上,需要通过定量的方法进行水利水电工程施工场地的布置,定量方法的重要内容就是在一定的、可利用的、有限的区域内,对所涉及的施工设施物质要素进行场地的布局、安排。反映这种结果的是各种规划图纸和有关的说明文件,图纸所表示的施工设施物质要素分布特征和规律比较形象、直观,但是对其内在的关系、联系的表达则缺乏有力的说服和解释,需要运用数学语言方法将施工场地布置进行的状态和过程准确的表达出来。

3.1.2.1 施工设施点状分布定量指标的计算方法

施工设施场地布置除施工经验知识和常用定量指标如优化方法计

算得出的定量指标等外,还应增加一个新的定量指标。由于施工场地设施布置是施工设施在施工场地区域的呈点状离散分布和呈线状连续分布,而呈线状连续分布与施工场地设施布置的关系不大,它主要针对道路网、管线等的布置,在此不予论述,仅讨论施工设施呈点状离散分布的计算方法。

施工设施呈点状离散分布在施工场地区域内,其需要布置的要素在场地上分布成离散的点状,它们虽然也占有一定的面积,但是为了研究其系统分布时,往往将其简化地看成一个点,因为它的面积大小在系统分析问题时意义不大,如水利水电工程施工中的零星油库、安全保卫房、部分照明设施等。当扩大点状的面积时,可以将诸如施工所需的生活区、加工厂区、材料堆放区、混凝土生产区、管理和生活区、机电安装和加工区等也看成是一个个离散的点,分布在施工区域内。

根据不同的需要,可对这种点状分布的中心位置、离散程度和集中程度等两种指标进行计算,以确定施工设施在施工区域的分布程度。

1)中心位置的测度

通常在确定工程施工场区的某项中心时,如运输中心、生产中心、生活中心等,往往以直观判断和传统的概念相结合,这样比较简单易行,而且中心位置的确定和实际的分布位置能大体上做到吻合一致。如有经验的工程技术人员通过地形图的分析和工程区域实地的踏勘,就可以基本确定所要布置的某个(如生活区)中心的位置,但地形复杂时,对某些中心位置的确定就难以直观、准确地进行,需要定量的分析方法。

(1)中项中心计算。是由两条互相垂直的线,分别将所有平面分布的点以左右、上下等量均分,这两条线的交叉点则称为中项中心,如图3-2所示。

(2)平均中心计算,又称分布重心(Centre of gravity)。是以任

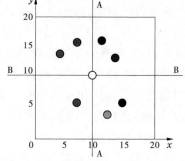

图3-2 点状分布中项中心和平均中心图

一坐标系给各点位置标定 x、y 轴的坐标值,分别计算各点坐标 x、y 值的平均值。

$$\bar{x} = \frac{\sum_{i=1}^{n} x_i}{n}$$

$$\bar{y} = \frac{\sum_{i=1}^{n} y_i}{n}$$

通常,中项中心与平均中心的位置是不完全一致的,但比较接近。中项中心易于确定,但精度较差,用于轮廓性的分析,而平均中心则有利于精确计算和计算机的信息处理。

2)离散程度和集中程度的测度

点状分布的离散程度或集中程度分析在水利水电工程施工场地规划中是经常遇到的,用它可以来揭示各部分的差异程度。

(1)对中项中心的离散程度的测度。

中项中心是确定两根互相垂直的线,分别将各分布点作 $\frac{1}{2}$ 等分,分为左右、上下两侧。在 $\frac{1}{2}$ 中项中心的基础上,再分别在左右、上下四个半片上作四个 $\frac{1}{4}$ 的中项中心四条线,这就形成了四个小矩形,每个小矩形和大矩形的面积比就反映了它们对中项中心的离散程度,如图 3-3 和图 3-4 所示。

$$D_i = \frac{q_i}{Q} \quad i = 1,2,3,4$$

$$Q = q_1 + q_2 + q_3 + q_4$$

式中:D_i 为不同方向的离散程度,$D_i = \frac{1}{4}$ 为均匀分布,$D_i \to 0$ 为最大集中,$D_i \to 1$ 为最大离散;q_i 为所在小矩形的面积。

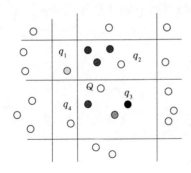

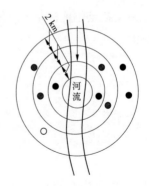

图3-4 水利水电工程施工场地
布置中项离散程度

图3-3 点状分布中项离散程度

（2）任意指定中心的离散程度的测度。

许多中心，并不一定在分布场地的几何中心上，所以以任意选定的点做中心，进行离散程度的测度则在应用上显得灵活方便。以点状分布的各点和某一选定的中心点之间的距离进行分组，统计其频数和频率，画出频率累计曲线是分析离散程度的一种方法，如图3-5所示。

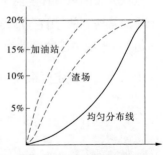

图3-5 点状分布频率统计

通常的定量指标着重从满足生产、经济等方面出发进行问题的研究和计算，而对于施工设施的布置是否分散和集中则很少考虑，也没有相应的方法和指标进行测度，通过上述计算方法的分析，可以在施工设施布置时，达到施工设施集中布置的目的，以减少场地的占用，或对于一些影响安全的施工设施分散布置，减小事故发生的隐患。

施工场地设施布置是处理施工场区施工设施的选址和分布的问题，所以对场地分布进行中心位置和离散程度、集中程度的测度将有助于施工设施布置的定量分析。

3.1.2.2 基本理论

水利水电工程施工场地设施布置时,通常依据定性指标和定量指标的控制,在可行的区域范围内进行初步布置,得出初始布置方案,这种初始布置方案往往有很多种满足需要,如何从中选出符合工程施工实际要求的合理方案,需要根据多种边界条件和施工设施之间的关系判断和决策出合理方案,而边界条件和施工设施间的关系经常是处于一种模糊状态,需要通过数学理论进行决策和评价。

定义一:设 $U = \{u_1, u_2, \cdots, u_n\}$ 为影响施工场地设施布置的因素集, $V = \{v_1, v_2, \cdots, v_m\}$ 为施工场地设施布置可行方案集, $B = \{b_1, b_2, \cdots, b_m\}$ $\in \Re(V)$ 为 V 的一个模糊子集,即基于施工设施场地布置可行方案集的模糊决策。

定义二: $b_j(j = 1, 2, \cdots, m)$ 反映第 j 种决策 v_j 在模糊决策中所占的地位,即 v_j 对模糊集 B 的隶属度。

定义三: $A = (a_1, a_2, \cdots, a_n) \in \Re(U)$,且 $\sum\limits_{i=1}^{n} a_i = 1$,即 A 为 U 的模糊子集,模糊决策 B 依赖于 A。

由以上可得:

单因素决断 $f: U \rightarrow \Re(V)$, $u_i \rightarrow f(u_i) = (r_{i1}, r_{i2}, \cdots, r_{im}) \in \Re(V)$,由 f 可诱导模糊关系 $R_f \in \Re(U \times V)$, $R_f(u_i, v_i) = f(u_i)(v_i) = r_{ij}$。

因此, R_f 可由模糊矩阵 $R \in M_{n \times m}$ 表示:

$$R = \begin{pmatrix} r_{11} & r_{12} & \cdots & r_{1m} \\ r_{21} & r_{22} & \cdots & r_{2m} \\ \vdots & \vdots & & \vdots \\ r_{n1} & r_{n2} & \cdots & r_{nm} \end{pmatrix}$$

由模糊关系 R 可诱导 U 到 V 的模糊变换 T_f,可得模糊决策:

$$B = A \circ R$$

对该施工场地布置方案的模糊决策有正、逆两个问题。

正问题:

$$A = (a_1, a_2, \cdots, a_n) \in \Re(U), 且 \sum\limits_{i=1}^{n} a_i = 1$$

问按 A 权衡诸因素,应为何决策? 答案应是 $B = A \circ R \in \Re(V)$。

逆问题:

已知 $B \in M_{1 \times m} = \Re(V)$,问模糊决策 B 所赖以产生的因素权重 $A = M_{1 \times m} = \Re(U)$ 是什么? 答案应是 $X \circ R = B$。求解时,假定预先给出一组备择的权量分配方案:

$$J = \{A_1, A_2, \cdots, A_s\}$$

从 J 中选择一种最佳的权重分配 A_k,使得由 A_k 所决定的决策 $B_k = A_k \circ R$ 与 B 最贴近,根据贴近度与择近原则,若 $(A_k \circ R, B) = \max\limits_{1 \leqslant j \leqslant s}(A_j \circ R, B)$,则认为 A_k 为 J 中的最佳权重分配方案。

在实际应用时,可能需要考虑的因素往往很多,因此每一因素所分的权重会很小,这样在于 R 作模糊运算时,R 的信息丢失将会很严重,往往使得决策结果不易分辨,可以通过改进以上数学模型的方法,解决此问题。

(1)多层次决策模型。

将因素集分成若干组,即 $U = \bigcup\limits_{i=1}^{p} U_i \ (U_i \cap U_j = \varnothing, i \neq j)$,设 $U_i = \{u_{i1}, u_{i2}, \cdots, u_{in_i}\}$,则 $U = \{u_{11}, \cdots, u_{1n_1}, u_{21}, \cdots, u_{2n_2}, \cdots, u_{p1}, \cdots, u_{pn_p}\}$,令 $\overline{U} = \{U_1, U_2, \cdots, U_p\}$,则称 $\overline{U}$ 为 2 层因素集,其元素 U_i 为 1 层因素集 U 的子集。

求解该问题的算法如下。

步骤 1:对 $U_i = \{u_{i1}, u_{i2}, \cdots, u_{in_i}\}$ 中诸因素进行单因素决策,即建立模糊映射

$$f_i : U_i \rightarrow \Re(V)$$
$$f_i(u_{ik}) = (r_{k1}^{(i)}, r_{k2}^{(i)}, \cdots, r_{km}^{(i)}) \in \Re(V)$$

得评判矩阵 R_i。以 (U_i, V, R_i) 为原始模型,在 U_i 中给出诸因素的权重分配

$$A_i = (a_{i1}, a_{i2}, \cdots, a_{in_i})$$

可得决策

$$B_i = A_i \circ R_i \in \Re(V) \ (i = 1, 2, \cdots, p)$$

步骤 2:考虑 2 层因素集 $\overline{U} = \{ U_1, U_2, \cdots, U_p \}$,以 B_i 作为因素 U_i 的单因素决策,建立模糊映射

$$f: \overline{U} \to \Re(V), U_i \mapsto f(U_i) = B_i$$

得 2 层评判矩阵

$$R = \begin{pmatrix} B_1 \\ B_2 \\ \vdots \\ B_p \end{pmatrix} = \begin{pmatrix} b_{11} & b_{12} & \cdots & b_{1m} \\ b_{21} & b_{22} & \cdots & b_{2m} \\ \vdots & \vdots & & \vdots \\ b_{p1} & b_{p2} & \cdots & b_{pm} \end{pmatrix}$$

以 $(\overline{U}, V, R)$ 为原始模型,在 $\overline{U}$ 中给出诸因素的权重分配

$$A = (a_1, a_2, \cdots, a_p)$$

可求得决策

$$B = A \circ R \in \Re(V)$$

不是一般性,同样可求出 3 级、4 级层次的决策目标。

(2)广义模糊运算的决策模型 $M(\wedge^*, \vee^*)$。

给出决策模型 (U, V, R),对权重分配 $A \in \Re(U)$,对应的决策 $B = A \circ R$。

$A = (a_1, a_2, \cdots, a_n)$, $B = \{ b_1, b_2, \cdots, b_m \}$, $R = (r_{ij})_{n \times m}$, $b_j \triangleq \overset{n}{\underset{k=1}{\vee}}^* (a_k \wedge^* r_{kj})$,简记为 $M(\wedge^*, \vee^*)$。

模型 1:主因素决定型 $M(\wedge^*, \vee^*)$(即原始模型),其结果是由主因素确定最优的情况,其他因素在一定范围内变化时对结果影响不大,该种运算容易出现决策结果不易分辨(即模型失效)的情况。

模型 2:主因素突出型 $M(\cdot, \vee)$

$$b_j = \overset{n}{\underset{k=1}{\vee}} (a_k \cdot r_{kj})$$

模型 3:主因素突出型 $M(\wedge, \oplus)$

$$b_j = \overset{n}{\underset{k=1}{\oplus}} (a_k \wedge r_{kj}) = \sum_{k=1}^{n} (a_k \wedge r_{kj})$$

这里,运算 $\oplus$ 为有界和,即 $a \oplus b = \min(1, a + b)$,由于权重分配满

足 $\sum\limits_{k=1}^{n} a_k = 1$,因此 $\sum\limits_{k=1}^{n} (a_k \wedge r_{kj}) \leqslant 1$,所以在此运算过程中,$\oplus$ 与普通加法一致。

模型 4:加权平均模型 $M(\cdot, \oplus)$

$$b_j = \mathop{\oplus}\limits_{k=1}^{n} (a_k \cdot r_{kj}) = \sum\limits_{k=1}^{n} (a_k \cdot r_{kj})$$

由于 $\sum\limits_{k=1}^{n} a_k = 1, r_{kj} \leqslant 1$,因而 $\sum\limits_{k=1}^{n} (a_k \cdot r_{kj}) \leqslant 1$。

讨论:在实际应用时,主因素(权重最大的因素)在最后评判中起主导作用时,可采用模型 1、2、3,特别是当模型失效时可采用模型 2、3。模型 4 对所有因素依权重大小均衡兼顾,适用于考虑总体因素起作用的情况。

当以上模型还不足以满足决策的需要时,可以应用模糊决策优选理论模型。

(3)模糊决策优选理论模型。

根据相对隶属度的定义,优、劣分别处于参考连续的两个极点,则优、劣决策的目标相对优属度和劣属度向量分别为:

$$g = (1, 1, \cdots, 1)^T$$
$$b = (0, 0, \cdots, 0)^T$$

设 m 个目标的权向量为:

$$a = (a_1, a_2, \cdots, a_m)^T$$

由矩阵 R 知决策 j 的目标相对隶属度向量:

$$r_j = (r_{1j}, r_{2j}, \cdots, r_{mj})^T$$

则决策 j 与优、劣的广义权距离分别为:

$$d_{jg} = \left\{ \sum\limits_{i=1}^{m} \left[a_i (1 - r_{ij}) \right]^p \right\}^{\frac{1}{p}}$$

$$d_{jb} = \left\{ \sum\limits_{i=1}^{m} \left[a_i (r_{ij} - 0) \right]^p \right\}^{\frac{1}{p}} = \left[\sum\limits_{i=1}^{m} (a_i r_{ij})^p \right]^{\frac{1}{p}}$$

设决策 j 对于优的相对优属度以 u_j 表示,对于劣的相对劣属度以 u_j^c 表示,则按照模糊集合论的余集定义,有

$$u_j^c = 1 - u_j$$

将相对隶属度定义为权重,则决策 j 与优决策之间的加权广义权距离(简称距优距离)为:

$$D_{jg} = u_j d_{jg}$$

决策 j 与劣决策之间的加权广义权距离(简称距劣距离)为:

$$D_{jb} = u_j^c d_{jb} = (1 - u_j) d_{jb}$$

为求解决策 j 相对优属度的最优值,建立目标函数为:

$$\min\{F(u_j) = u_j^2 d_{jg}^\alpha + (1 - u_j)^2 d_{jg}^\alpha\}$$

解
$$\frac{\mathrm{d}F(u_j)}{\mathrm{d}u_j} = 0$$

得到决策相对优属度计算模型

$$u_j = \frac{1}{1 + \left(\dfrac{d_{jg}}{d_{jb}}\right)^\alpha}$$

式中:α 为优化准则参数,取 2 或 1。

当 $\alpha = 2$ 时,优化准则为最小二乘方准则,即决策 j 的距优距离 D_{jg} 与距劣距离 D_{jb} 平方和最小,其目标函数为 $\min\{F(u_j) = D_{jg}^2 + D_{jb}^2\}$。当 $\alpha = 1$ 时,优化准则为最小一乘方准则,即决策 j 的加权距优距离 $u_j D_{jg}$ 与加权距劣距离 $u_j^c D_{jb}$ 之和最小,其目标函数为 $\min\{F(u_j) = u_j D_{jg} + u_j^c D_{jb}\}$。

优化准则参数 α 取 2 或 1 与距离参数 p 取 2 或 1 时,其间可有四种搭配,即:①$\alpha = 2$,$p = 2$;②$\alpha = 2$,$p = 1$;③$\alpha = 1$,$p = 2$;④$\alpha = 1$,$p = 1$。实际应用时,可根据不同的情况取定不同的组合,一般不取 4 的搭配的线性模型。通常,当 α 确定为 1 时,p 应取为 2 的欧氏距离。

当优化准则参数 $\alpha = 2$,距离参数 $p = 1$ 时,决策 j 的相对优属度计算模型变为:

$$u_j = \frac{1}{1 + \left(\dfrac{d_{jg}}{d_{jb}}\right)^2}$$

通过公式推导和证明,该函数在区间 $[0, 0.5]$ 为凹形,在区间

[0.5,1]为凸形。因此,该函数为 Sigmoid 型即 S 型函数。该模型足以满足水利水电工程施工场地布置决策方案的优选要求。

3.2　施工场地设施布置方法

在讨论水利水电工程施工场地设施布置方法之前,需要明确两个概念,即施工场地管理和绿色施工场地布置。这样有助于在水利水电工程施工场地设施布置过程中目标明确,使得合理的施工布置方案能更好地服务于工程施工的需要。

3.2.1　施工场地管理

工程建设管理通常意义上讲主要是针对建筑材料、设备、进度、质量、合同、信息、造价、成本、投资等的管理,如图 3-6 所示,工程管理者通过对这些资源合理和综合的有效利用,保证工程建设在国家强制性规范指导下顺利进行,且在一定的时间限度内、花费成本最小的范围内,优质、安全、高效地完成对永久性建筑物的建设。但是,按照目前的工程管理习惯和管理内容,缺少了一项重要的资源,即施工场地管理。因为所有的工程建设均是在一定施工场地上和时间上通过人的主观因素和技术的作用,对永久性建筑物所实施的生产活动,传统的工程管理内容,恰恰将施工场地管理这一重要资源忽视。施工场地是工程管理中的一个重要的资源,工程施工的一切活动均离不开施工场地活动。施工场地管理是在有效的可利用的场地上随着时间的推进,按照永久性建筑物的设计来完成对它的建设。因此,施工场地管理主要研究在有效的可利用场地范围内,施工活动在进度计划指导下,在其他可利用资源(材料、合同、资金、质量等)的配合下,顺利、高效、安全、环保地完成对永久性建筑物的建设,以及在进度计划的指导下,对原已设计的施工场地的优化利用,如图 3-7 所示。施工场地管理分为施工设施的场地布置管理和施工过程场地管理。施工设施的场地布置管理是指针对永久性建筑物建设的施工总平面场地布置,包括附属工厂、交通运输、道路、给排水、加压站、大宗建筑材料堆放场地等的合理位置的选择和合理布置,以及施工场地的合理交错和利用。施工过程场地管理指的是针对一个具体的分部工程的施工工艺,在该工艺流程范围内,合理的场地利用,包括操作人员的工作场地、临时性建筑材料的堆放位置、有效的建筑材料运输路线、场地冲突的问题解决等小范围内的场地合理利用。

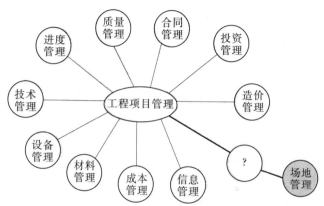

图 3-6 水利水电工程施工场地布置管理在工程管理中地位分析

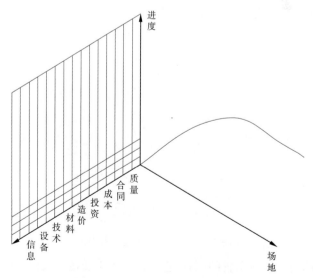

图 3-7 施工进度与施工场地关系

施工场地管理的内容：工程施工划定范围内所涉及的临时性建筑物及随着工程按照进度计划的进展永久性建筑物的场地中可为施工服务的场地，它包括各种材料堆放场地、各种临时性建筑、道路、桥梁、动力管线等，以及施工场地的合理周转和利用，施工场地的优化布置，施工场地的优化配置，施工场地的综合评价等。

3.2.2　绿色施工场地布置

施工活动按传统意义讲，是对自然的改造，为生产和生活服务，施工活动具有临时性，因此考虑施工场地也从临时性角度和满足施工活动需要出发，以尽量少的成本支出，最大程度地保证进度计划的完成。但是，随着保护环境和保护生态环境观念的深入，以及施工活动的精细化和科学化，施工人员文化水平的提高，环保、整洁、干净、美观、细致、符合人性化的施工场地成为建筑施工的必然要求，如图3-8所示。在建筑施工活动过程中，创造和建造绿色的施工场地，是建筑业发展的必然要求。它同样存在施工设施的场地布置管理和施工过程场地管理之分。施工设施的场地布置管理是针对施工总体布置，施工过程场地管理是针对具体的施工工艺。

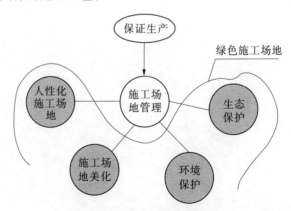

图3-8　绿色施工场地布置内容

绿色施工场地布置的内容：它是指在施工场地管理内容的基础上，从环保的角度、生态保护的角度、人性化场地利用角度等，从施工场地利用细致化为出发点综合更多的理念,使得施工活动在有限的场地范围内,创造出更加便于操作人员工作的场所。

3.2.3 施工场地设施布置方法

在水利水电工程施工场地设施布置时,首先需要进行施工设施的物流分析,以便将重要设施布置在突出位置,并且使其受到其他设施的干扰尽量小。其次,需要进行施工设施间邻接关系的分析,由于水利水电工程施工设施多,不同的设施具有重点明确的功能,如炸药库、加油站等,如果不进行邻接关系的分析,将因为施工设施间功能的冲突,给工程施工和工程管理带来不可估量的损失及埋下安全隐患。

一般施工设施的物流分析可以应用如图3-9所示的方法进行分析,在使用该图分析时,将重要的物流线路或物流量大的线路用粗线条画出,次一级的物流线路用中粗线条表示,依次类推。同时,对于物流的进口和出口要明确地表明在图上,以免发生冲突。物流分析是以施工设施运行时的工艺流程为基础,分析物料运输线路的关系和运输的数量,一般在进行施工设施布置方案之前要进行资料的收集和分析,确定施工设施的工艺流程方案是其中一项重要的内容,如分析混凝土拌和系统的物流时,要确定砂石料堆、拌和系统、制冷制热系统、外加剂仓库、水泥仓库及物料进出的方式等的关系和数量。清晰、准确的物流分

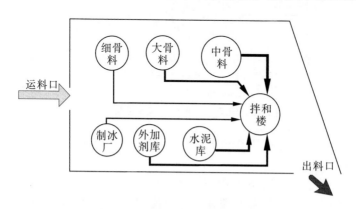

图3-9 施工场地设施布置物流分析

析将会极大地保证施工设施位置的准确定位,对于水利水电工程施工其他施工设施的物流分析可以按照该方法顺序进行。

在单项施工设施物流分析的基础上,对它进行初步定位,但是由于水利水电工程施工设施项目多,且受到的干扰因素复杂,因此还需要进行水利水电工程施工设施的邻接关系的分析,可以利用图 3-10 的方法进行分析。通过该图的分析,可以避免施工设施间的布置冲突。在分析施工设施邻接关系时,主要是分析施工设施之间的相互关系、相互制约关系及关系之间的强度,通常在邻接关系分析的基础上,考虑施工进度、施工强度、设施运行和物流运输,分析施工设施的布置规模和在场地上的位置关系,其场地关系的控制指标如下:

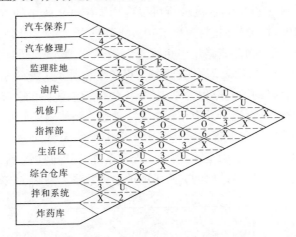

A—绝对必要;E—很重要;I—重要;O——一般;U—不重要;X—不可靠近

1—使用频率;2—接触程度;3—使用共同设备;

4—共用同一面积;5—共同资料;6—信息流

图 3-10 施工场地布置设施间邻接关系分析

(1)施工设施的布置规模,主要考虑在满足施工要求的情况下,施工设施的布置容量和占地面积。

(2)施工设施的地基承载力,考虑地质情况、边坡稳定情况等。

(3)水文地质的要求和施工导截流的情况,考虑在不同的施工时段,洪水位、地下水位、施工场区的水位变化等对施工设施布置的限制和影响。

（4）物流运输的高差限制及位置限制,考虑物流运输线路的坡度和垂直高差、物流的进出口等。

（5）施工设施之间距离的限制,主要指施工设施运转时所必需的最小作业半径、运输时间的最小限制、物流进出口的最小范围、施工设施之间安全距离等。

（6）施工场区对内对外的交通情况,考虑施工设备的最小运输安全高度和宽度、场内建筑材料的运输要求等。

在这些场地布置的控制指标限制下,结合邻接关系分析图,综合权衡,协调一致,从而得到水利水电工程施工场地设施布置的合理可行的方案。

通常在进行水利水电工程施工设施布置时,首先进行施工设施资料的收集,其次进行单个施工设施的物流分析,最后进行施工设施间的邻接关系的分析。经过这些步骤,基本可以将施工设施进行初步的布置,选定初始位置。图3-11为一按照以上所述的步骤进行的初步施工场地布置的实例图。

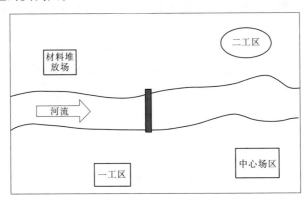

图3-11　施工设施布置实例

在得出施工设施布置的初步方案情况下,由于水利水电工程施工场地布置的特点,即影响因素多、因素复杂等,还需要进行布置方案的综合评价,以确定合理的布置方案。

对于施工设施布置的评价指标通常有：施工设施场地布置费用、设施占地面积、设施随进度计划分步布置协调程度、设施场地周围地形地质情况、设施利用对外交通情况、场地内交通运输顺畅程度、设施间干扰程度、设施受水文地质和导截流影响程度、设施分散程度、设施间协调程度、设施间安全程度、设施环保生态情况等。

例如，拉西瓦水电站的混凝土拌和系统，经过初步布置，确定了两个布置方案，即巧干沟方案和昨那村方案，巧干沟方案布置于坝址左岸下游巧干沟 2 420 m 的开挖平台上，距坝址 0.6 km，骨料堆布置于巧干沟下游约 1.7 km 的昨那村附近 2 415 m 高程的缓坡地上；而昨那村方案布置于巧干沟下游约 1.7 km 的左岸高线交通洞进口昨那村附近 2 415 m 高程的缓坡地上，两个方案混凝土拌和设施相同。依据施工进度、施工强度、交通运输条件评价该两个方案均可满足施工的需要，但是如果同运输方案、地质条件等指标结合起来评价，则选择巧干沟方案，因为巧干沟方案有混凝土运输距离短，混凝土温度回升小，并且运输干扰小，隧洞开挖洞径小等有利因素，而昨那村方案则有运输距离长，混凝土温度回升大，并且由于它和左岸高线共用一条交通洞，因此运输干扰大，同时有隧洞开挖洞径大等不利因素。

通常在施工设施布置完成初步方案后，需要利用前述的基本理论建立模型进行方案的比选，该方法经常用到模糊综合评价法，因为方案比选时，许多指标之间没有明确的界限，经常呈现"亦此亦彼"性，也就是没有明确的外延概念，模糊综合评价法对于水利水电工程施工设施布置方案的比选就是一种非常有用的工具。

3.3 施工场地设施布置的调整程序、优化与评价方法

水利水电工程施工场地设施布置需要经过多次的调整、优化、评价，才可以得到一个圆满的、合理的布置方案，其调整、优化、评价的程序如图 3-12 所示。

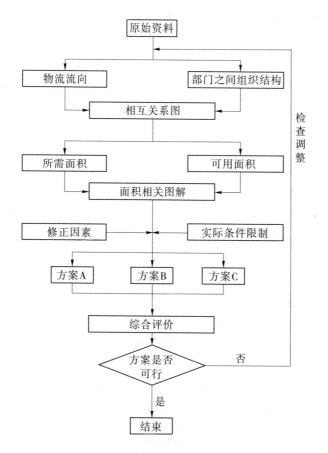

图 3-12　施工场地设施布置程序

在方案调整优化评价阶段,有定性指标的控制,也有定量指标的控制,定性指标根据工程特点、自然条件、地形地质情况、水文地质及导截流情况、进度计划等因素来进行评价、调整、优化。

通常,水利水电工程施工场地设施经过初步布置后,经常一个施工设施或一组施工设施中有一两个或更多的满足施工需要而且是比较有利的布置方案,从这些方案中分别选出合理的方案,组成水利水电工程施工场地布置合理的方案,在组合过程中,单方案合理但是在组合方案中并不一定合理是常见的现象,需要进行方案的调整、优化、评价。

这种决策实际上是一个多层次模糊决策的问题,对于多层次决策,最初的决策关系全局,一旦它决策失误,将会对后续各层次决策产生致命的影响。因此,决策者在进行多层次决策时必须有全局意识,从最后一层次决策开始,逐级递推,逐层加以分析。

设水利水电工程施工场地设施布置系统为一多层次决策系统,可将模糊决策系统分解为 H 层,最高层为 H 层,若最低层(第一层输入层)有 M 个目标相对优属度输入到有若干个并列的单元系统(第二层),该层每个单元系统均有多个目标相对优属度输入,每个目标有不同的权重,用下面公式对每个单元系统计算输出方案相对优属度向量:

$$u_j = \frac{1}{1 + \left(\dfrac{d_{jg}}{d_{jb}}\right)^\alpha} \quad u_i = (u_{i1}, u_{i2}, \cdots, u_{in})$$

它组成第三层中某个单元系统的第 i 个输入,令

$$(u_{ij}) = (r_{ij})$$

设第三层中又有若干个并列的单元系统,其权向量为 w,则模糊优选理论模型

$$u_j = w \frac{1}{1 + \left(\dfrac{d_{jg}}{d_{jb}}\right)^\alpha}$$

可用于第三层中单元的计算。

如此从第一层向 H 层进行计算,直到最高层。由于最高层中只有一个单元系统,可得最高层单元系统的输出——方案相对优属度向量

$$u = (u_1, u_2, \cdots, u_n)$$

据此可优选多层次多目标系统满意的方案。

图 3-13 为某水利水电工程施工场地设施布置多层次决策模型图。

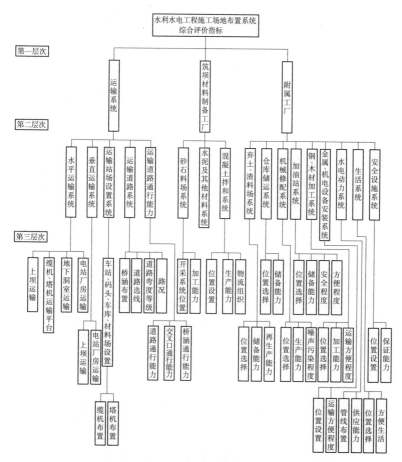

图 3-13　某水利水电工程施工场地设施布置决策模型

3.4　基于人工神经网络方法的施工场地设施布置

随着我国水利水电工程的大量开发和建设,以及工程技术人员素质的提高,积累了丰富的水电建设实践经验。一般来讲,工程专家在制订施工方案时,往往是根据工程概况、施工条件、工程所处位置的地形和地质特点、类似工程的经验等，提出若干可行的方案，然后进行筛选、优选，提出合理可行的施工方案。选定合理可行的施工方案有赖于工程专家丰富的实践经验，但经验有时难以表达成适用的规则，实际上，由于工程专家记住了大量的工程实例，其在靠经验求解问题时，能快速地从记忆中联想出相近的实例，来解决所面对的问题。人工神经网络方法正是对一些不易表示成规则，但可通过大量记忆来进行联想启发一类问题的有效解决途径。

人工神经网络是由许多并行运行的简单的神经元(处理单元或节点)组成的复杂系统，其存储与处理能力由网络的结构、连接强度及单个神经元所执行的处理所决定。对于解决高阶问题多层神经网络的学习算法，目前常用的有 Rumehart 等的反向传播法。

反向传播法考虑的是前向式多层网络，即每一层神经元的活化状态只影响下一层神经元的状态。输入层与输出层之间有一层或多层隐单元，隐单元与外界没有联系，但其状态的改变可影响输入输出关系。对节点 j，总输入为 x_j，输出为 y_j；与 j 节点相连的前向节点 i，其输出为 y_i，i，j 节点的连接权值为 w_{ij}，则有下列关系：

$$x_j = \sum_i y_i w_{ij} + \theta_j$$

$$y_j = \frac{1}{1 + e^{-x_j}}$$

其中，θ_j 为阈值。

引入能量函数

$$E = \frac{1}{2} \sum_c \sum_j \left(y_{j,c} - d_{j,c} \right)^2$$

式中：$y_{j,c}$ 为输出层的实际输出；$d_{j,c}$ 为所要求的输出；$\sum_j$ 为对输出层的神经元求和；$\sum_c$ 为对样本求和；E 为总误差。

学习就是调整神经元之间的连接强度 w_{ij}，使网络实际输出和所需的输出之间的误差 E 取极小值，由梯度下降法有

$$\Delta W = -\eta(\partial E / \partial W) \quad (\eta > 0)$$

若网络中某一 W_{ij} 变化时，按前向传递法则，它将逐级影响下一层

神经元的状态,从而影响输出 y,改变 E。

如果误差 E 小于误差允许值(如 0.01),则权矢量调整完毕,否则应按以下递推公式进行调整:

$$\Delta W(t) = -\eta \cdot \frac{\partial E}{\partial W(t)} + \alpha \cdot \Delta W(t-1)$$

$$= -\eta \cdot \delta(t) \cdot y(t) + \alpha \cdot \Delta W(t-1)$$

式中:η 为学习率,$\eta > 0$;α 为指数衰减系数,$0 < \alpha < 1$。

反向传播过程实际上包括二次传播:

(1)正向传播。从输入单元开始,通过分层传播产生输出向量。

(2)反向传播。将上述输出结果与预期输出的偏差以相反方向通过同样的连接传送,网络对每一连接权计算输出偏差对应于该权的梯度,然后朝减少偏差的方向修改权值。因此,该网络中的学习是通过沿权空间中误差表面的梯度降低来实现的。

通过多组样本的学习,调整网络的联系矩阵,从而建立了输入端向量与输出端向量之间的对应关系,达到了预期的学习目的。

对于水利水电工程施工设施场地布置方案初选的人工神经网络模型是将工程概况和施工场区的自然条件、施工进度、施工强度、交通运输条件、材料用量、供料方式等作为输入,施工方案作为输出。但是,仅靠输入工程概况和施工场区的自然条件、施工进度、施工强度、交通运输条件、材料用量、供料方式等项目简单的决定输出是不可靠的,在输入、输出之间还有一些隐藏因素的影响,故需考虑在输入、输出之间引入一个或多个隐单元组成的干扰层。隐单元可代表未知因素,也可使之代表某已知因素。初选水利水电工程施工场地布置方案的人工神经网络模型如图 3-14 所示。

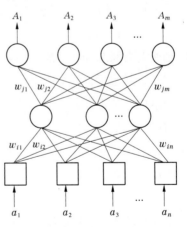

图 3-14　水利水电工程施工场地布置方案选择人工神经网络模型

输入、输出端每一节点表示一定含义,并用符号表示。

对于输入端,各符号的意义如下:a_1为装机容量,a_2为大坝高度,a_3为大坝类型,a_4为导流形式,a_5为截流形式,a_6为施工进度,a_7为施工强度,a_8为地质条件,a_9为总库容,a_{10}为交通条件,a_{11}为材料用量等。

对于输出端,各符号的意义如下:A_1为混凝土拌和厂类型,A_2为垂直运输方式,A_3为混凝土运料方式,A_4为垂直运输机械数量,A_5为垂直运输布置方案,A_6为施工场地布置类型,A_7为混凝土拌和厂占地面积等。

具体应用时,先随机取权值为 $-0.5 \sim 0.5$,然后将若干组工程实例(工程概况和施工场区的自然条件、施工进度、施工强度、交通运输条件、供料方式及施工方案)成对输入系统,其中对非数值的输入,一般取 $+1$ 为真,-1 为假,0 为未知,某些情况可取 $[-1,1]$ 之间的值,如交通情况,良好取 1,一般取 0.5,不好取 -1 等。通过对工程实例样本的学习训练,即可确定网络中各连接权,最后一旦输入拟建工程的工程概况和施工场区的自然条件、施工进度、施工强度、交通运输条件、供料方式等项目,从输出端就可得到若干先进可行的施工方案。

经验知识的形成,还有一个去伪存真的问题,这在人工神经网络中即是所谓自联想和异联想的问题。

在自联想记忆模型中,任一事物由一个 n 维向量表示,而向量的任一分量由一个神经元表示。Hopfield 是将记忆模型看做为一个动态系统,存放于其中的 M 个完整事物(其间连接权值 w_{ij} 已定),则相应于图 3-15 黑圈点所示的 M 个稳定的吸引子,黑圈点以外为不稳定状态,而不稳定状态又看成是自联想中某事物的已知部分。这样由于动态系统总是使不稳定状态朝吸引子流动,就相当于由事物的一部分自动联想出完整的事物,从而实现自联想的目的。

异联想比较复杂,但也可以与自联想类似。

设有两组样本具有一定的对应关系如图 3-16 所示。

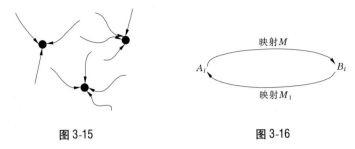

图 3-15   图 3-16

若输入 $A_i' = A_i + V$，其类似于已有联想对 $\{A_i,B_i\}$ 中的 A_i，则将根据 $B_i = F_1(w_1,A_i)$ 来联想 B_i，其中 A_i 是样本之一，V 是偏差项，w_1 是连接权矩阵，F_1 是 sgn 函数，A_i,B_i 取 $\{-1,0,+1\}$ 或某一数值。然后根据下式实现自联想：

$$A_i = F_2(w_2,B_i) \quad (i = 1,2,\cdots,m)$$

式中，F_2,w_2 与 F_1,w_1 定义类似。

联想示意如图 3-17 所示。

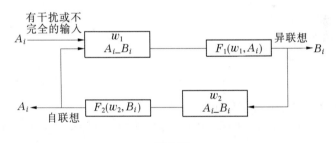

图 3-17

其中，自联想是对有干扰或不完全的输入进行修正。

将网络看做非线性动力系统，有下面迭代方程：

$$B^s = F_1(w_1,(F_2(w_2,B^{s-1})))$$

$$A^s = F_2(w_2,(F_1(w_1,A^{s-1})))$$

其中，s 为迭代次数，A^0 为初始输入。当对任一次迭代，都有 $B_i^{s-1} = B_i^s$ 和 $A_i^s = A_i^{s-1}$ 时，则建立了稳定的联想对的状态空间 $\{A_i,B_i\}$。其收敛过程如图 3-18 所示。

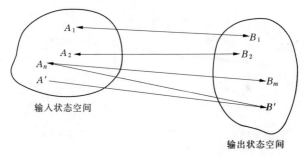

输入状态空间

输出状态空间

图 3-18

要确定权矩阵 w_1 和 w_2，可用 Ho-kashyap 算法：

将建立联想对时的权矩阵 W 和对应的阈值构成增广矩阵：

$$w^i = [-T_i, w_1, w_2, \cdots, w_n]^T$$

取　　$y_j = (-1)^s [1, A_j]^T, \quad s = \begin{cases} 1 & B_j = 0 \\ 0 & \text{其他} \end{cases}, \quad j = 1, 2, \cdots, m$

由下列步骤进行误差反复的调整：

(1) 选择 $b^0 > 0$；

(2) $W^0 = Y^{-1} b^0$；

(3) $e^k = YW^{k-1} - b^{k-1}$；

(4) $b^k = b^{k-1} + \alpha(e^k + |e^k|), (0 < \alpha < 1)$；

(5) $W^k = Y^{-1} b^k$，再转到第(3)步。

由满足 $\min\{011 \| (YW-b) \|^2\}$ 和 $b > 0$，可确定 W，也即确定了 w_1 和 w_2。

在这里联想对 $\{A_i, B_i\}$ 分别代表前述输入的工程概况、施工进度等向量，以及施工方案向量。

经过上述过程，可达到经验知识的去伪存真的目的，并且当输入拟建工程不完全或有误差的工程概况、施工进度、施工强度等条件后，仍可异联想出正确可行的施工方案。

算例1：表 3-1 为与某待建工程相似的已建工程特性指标的统计，应用上述神经网络方法，推测混凝土拌和厂占地面积的指标，设有 5 个输入节点，分别为混凝土用量、装机容量、施工进度、施工强度、坝高，输出节点 1 个,即拌和厂占地面积。根据经验,隐层节点选取为 6。将表 3-1 数据分为两部分,前 12 组数据用做学习样本,作为训练神经网络连接权值用,学习精度为 0.000 1,后 2 组数据作为检验用。计算结果见表 3-1 和表 3-2。

表 3-1

序号	混凝土用量	装机容量	施工进度	施工强度	坝高	拌和厂占地面积
1	47 177	16.61	8.89	31.05	15.77	0.789 6
2	43 323	9.08	3.65	29.80	8.44	0.323 8
3	59 023	13.84	6.06	26.55	12.87	0.736 6
4	46 821	10.59	3.51	22.46	7.41	0.468 7
5	41 646	13.24	4.46	24.33	9.33	0.535 5
6	26 446	10.16	2.38	26.80	9.85	0.284 6
7	38 381	11.97	4.79	26.45	10.64	0.486 2
8	57 808	10.29	4.54	23.00	9.23	0.589 5
9	28 869	7.68	2.12	31.08	9.05	0.154 3
10	38 812	8.92	3.38	25.68	8.73	0.356 2
11	30 721	10.87	4.15	30.36	11.44	0.352 4
12	24 648	10.77	2.42	30.71	11.37	0.259 4
13	26 925	9.34	3.06	30.11	10.84	0.257 1
14	23 269	8.25	2.58	32.57	8.62	0.111 1

表 3-2

序号	期望值	网络输出值	相对误差
1	$7.896\,000\,0E-001$	$7.735\,871\,3E-001$	$-2.027\,971\,8E-002$
2	$3.238\,000\,0E-001$	$3.262\,638\,8E-001$	$7.609\,253\,0E-003$
3	$7.366\,000\,0E-001$	$7.462\,692\,2E-001$	$1.312\,683\,1E-002$
4	$4.687\,000\,0E-001$	$4.704\,360\,4E-001$	$3.703\,946\,8E-003$
5	$5.355\,000\,0E-001$	$5.266\,500\,3E-001$	$-1.652\,654\,8E-002$

序号	期望值	网络输出值	相对误差
6	2. 846 000 0E − 001	2. 868 578 7E − 001	7. 933 474 1E − 003
7	4. 862 000 0E − 001	4. 868 564 4E − 001	1. 350 141 0E − 003
8	5. 895 000 0E − 001	5. 855 692 4E − 001	− 6. 667 953 5E − 003
9	1. 543 000 0E − 001	1. 541 442 5E − 001	− 1. 009 393 3E − 003
10	3. 562 000 0E − 001	3. 506 112 7E − 001	− 1. 568 985 5E − 002
11	3. 524 000 0E − 001	3. 511 758 1E − 001	− 3. 473 867 2E − 003
12	2. 594 000 0E − 001	2. 641 833 9E − 001	1. 844 022 5E − 002
13	2. 571 000 0E − 001	2. 254 228 0E − 001	− 1. 232 096 5E − 001
14	1. 111 000 0E − 001	1. 261 949 6E − 001	1. 358 681 9E − 001

训练结束后,利用训练好的 BP 网,分别输入预测的数据,得到的结果如下:

0.796 548 70,0.452 941 44。

通过人工神经网络模型的计算,可以得到若干可行的水利水电工程施工场地设施布置方案,但是最终还需要对其进行决策优化、评价,选出符合工程实际施工需要的合理方案,因此在由该模型选出若干施工方案后,决策人员仍需要从这些方案中选出较佳的布置方案,这种选择方法可利用前述的理论基础,用模糊评价法或综合评价法进行最终的布置方案的决策。

利用模糊综合评判法对水利水电工程施工场地设施布置方案的选择,方法如下。

设定因素集 F、评语集 E、评价集 T 如下:

$$F = \{f_1, f_2, f_3, \cdots, f_n\}$$
$$E = \{e_1, e_2, e_3, \cdots, e_m\}$$
$$T = \{t_1, t_2, t_3, \cdots, t_r\}$$

$F = \{$利于生产,易于管理,协调程度,对当地社会的影响,对当地经济的影响,$\cdots\cdots\}$

$E = \{方案优秀,方案良好,方案一般,方案不可行\}$

$T = \{专家评价组1,专家评价组2,专家评价组3,专家评价组4,$
专家评价组5}

在第 k 次评价中,各项单因素的评价结果可以是 E 中的一个确定的元素,也可以是 E 中的一个模糊集,这取决于是多人评价还是单人评价,联合各项单因素的评定,得到单因素矩阵:

$$R^{(k)} = \left(r_{ij}^{(k)} \right)$$

按各次评价的重要性确定各次考核的权数:

$$U = \{w_{t1},w_{t2},w_{t3},\cdots,w_{tr}\} \quad (\sum_{k=1}^{r} w_{tk} = 1)$$

记为
$$R_{ij} = \sum_{k=1}^{r} w_{tk} r_{ij}^{(k)} \tag{3-1}$$

各次评价的总的单因素评判矩阵:

$$R = \left(r_{ij} \right)$$

再对各因素进行加权,设各因素的权重为:

$$W_F = \{w_{f1},w_{f2},w_{f3},\cdots,w_{fn}\} \quad (\sum_{n=1}^{fn} w_{fn} = 1)$$

可得模糊综合评价

$$S = (s_1,s_2,s_3,\cdots,s_m)$$
$$S = W_F * R$$

其中, $*$ 可以有两种理解,一是模糊矩阵的合成运算,一是普通矩阵的乘法。

对于某个已经求出的综合评判向量 $S = (s_1,s_2,s_3,\cdots,s_r)$,先按最大隶属原则确定等级,然后作适当调整,这有以下两种调整方式:

(1)设 S_{k0} 为 $\{s_k\}$ 中的最大值,若有

$$\sum_{k=1}^{k_0-1} s_k \geqslant \alpha \sum_{k=1}^{r} s_k > \sum_{k=k_0+1}^{r} s_k \tag{3-2}$$

$$\left(\sum_{k=k_0+1}^{r} s_k \geqslant \alpha \sum_{k=1}^{r} s_k > \sum_{k=1}^{k_0-1} s_k \right)$$

其中, α 为一适当选取的正实数,则将所确定的等级向下(上)移动

一级。

(2)设 S_{k0} 为 $\{S_k\}$ 中的最大值,若有

$$(1/k_0 - 1) * \sum_{k=1}^{k_0-1} s_k \geqslant \alpha, s_k > (1/r - k_0 - 1) * \sum_{k=k_0+1}^{r} s_k$$

$$\left\{ (1/r - k_0 - 1) * \sum_{k=k_0+1}^{r} s_k \geqslant \alpha, s_k > (1/k_0 - 1) * \sum_{k=1}^{k_0-1} s_k \right\}$$

则将所确定的等级向下(上)移动一级。

无论采取上述那一种调整办法,若 $\{s_k\}$ 中有 $q(\leqslant r)$ 个相等的最大值,则可分别调整,而后取中心等级评定;若中心等级有两个,则取权重的所在位置评定等级。

算例 2:见表 3-3。

表 3-3

T	F	E			
		E_1	E_2	E_3	E_4
T_1	F_1	0.5	0.3		0.2
	F_2	0.5	0.1	0.2	0.2
	F_3		0.7	0.3	
	F_4	0.5	0.1		0.3
T_2	F_1				1
	F_2				1
	F_3				1
	F_4				1

T_1 的单因素矩阵可以这样来获得,设有 10 个人评价,若有 5 个人评为 E_1,则取 $r_{11}^{(1)} = 5/10 = 0.5$,其余类推。

设评价权重分配为 $(0.6, 0.4)$,则运用式(3-1)得

$$R_1 = \{0.3, 0.18, 0.4, 0.12\}$$
$$R_2 = \{0.3, 0.06, 0.12, 0.52\}$$

$$R_3 = \{0, 0.42, 0.18, 0.4\}$$
$$R_4 = \{0.36, 0.06, 0, 0.58\}$$

假设因素的权重为：

$$w = (0.35, 0.35, 0.15, 0.15)$$

则有 $S = W \cdot R$

按模糊矩阵的合成运算得：

$$S = (0.30, 0.18, 0.35, 0.35)$$

按最大隶属原则，可评为 E_3，E_4，按式（3-2）进行调整后得：取 $\alpha = 1/2$，知 E_4 需向上一级 E_3。

结论：次方案为 E_3，即方案一般。

更进一步有层次模糊综合评价法，如图 3-19 所示。

对于 f_1 本身亦相应存在一个单因素的评判矩阵 R_{f_1}，设对于 f_1 的因素集

$$f_1 = \{f_{11}, f_{12}, f_{13}, \cdots, f_{1p}\}$$

中诸元素的权数分配取为：

$$W_{f_1} = \{w_{f_{11}}, w_{f_{12}}, w_{f_{13}}, \cdots, w_{f_{1p}}\}$$

则在最终评判矩阵中元素 $r_{1j}(j = 1, 2, 3, \cdots, m)$ 应定义为：

$$r_{1j} = w_{f_1} * (r_{ij}(f_1))_{p \times p}$$

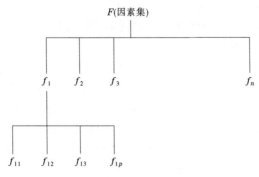

图 3-19　层次模糊综合评判法

第4章 水利水电工程施工场地交通运输方案决策方法研究

4.1 施工场地交通运输系统分析

水利水电工程施工运输量大、强度高,正确解决水利水电工程施工交通运输问题,对保证工程顺利施工和节约工程投资均具有重要意义。在施工组织设计中,需要专门研究施工交通运输问题,同样,作为施工组织设计的重要内容,即施工场地布置也需要重点研究施工交通运输的布置问题。在施工设施合理布置方案确定的条件下,需要研究通过交通运输线路将这些设施连接在一起,达到物料、人流的顺畅运输,为工程建设施工服务。

水利水电工程施工交通运输一般划分为对外交通和对内交通。对外交通担负从工地车站、码头沿专用线与施工场外国家交通干线相连接的交通运输,它担负着施工期间外来物资的运输任务。对内交通是指工地范围内各施工分区或单位之间的交通运输,包括物料在各企业或各工区范围内的运输。

根据第2章的系统分析,施工场外运输不在本书研究范围之内,本书的研究集中在施工场内运输部分。根据水利水电工程施工特性,施工场内运输一般可划分为垂直交通运输和水平交通运输。垂直交通运输担负着物料从供料平台向大坝浇筑、发电厂房的浇筑等分部工程的垂直供料。水平交通运输是指物料从堆料场向指定地点的水平或地面运输,如卸料平台、混凝土拌和场等。

水利水电工程施工场内交通运输有如下特点:

(1)水利水电工程施工场内交通运输量大、运输强度高,而且由于水利水电枢纽多处于偏僻山区,地形狭窄,山谷中又有河流,谷深水流大,施工交通运输会遇到相当大的困难。

（2）水利水电工程施工场内交通运输物料比较复杂,其中有外来物资的转运,以及大量土石方的挖填运输、砂石骨料与混凝土的浇筑运输等,这些运输任务多与工程施工有着密切的直接联系,而且又多是短时段的、临时性的、线路多变化的。

（3）水利水电工程施工场内交通运输在多数情况下是一种单向运输,如将骨料运送到混凝土工厂、将水泥运至水泥罐、将机电设备运至电站厂房等。

（4）场内运输的距离一般不太长,但某些物料的运输距离和运输条件要受物料特性的限制,如运送混凝土时要保持其在运输途中不初凝、不离析,有时还须满足保温的要求。

（5）由于施工场内运输的临时性,因此场内运输线路多交叉口、多坡、多转弯。

（6）水利水电工程施工场内交通运输多采用较大吨位的车辆,车型一般较宽,且有重大件运输。

（7）水利水电工程施工场内交通运输的首要任务是满足施工期间的运输强度和运输物料体积的限制。

（8）水利水电工程施工场内交通运输一般有较少的人流和代步交通工具的干扰。

（9）水利水电工程施工场内交通运输形式单一,一般水平运输多为小火车或大吨位汽车,垂直运输多为缆机或塔机。

在本书的研究中,重点集中于水平运输中的汽车交通运输形式。

4.2 施工场地道路布置方法

水利水电工程施工场内交通运输线路布置时,结合水利水电工程施工场内交通运输的特点,应该考虑:

（1）尽量减少物料的转运次数,以利于提高运输效率,减少运输损耗。

（2）根据地形、地质条件,尽可能缩短运输线路长度,避免采用工程量大或工程费用高的附属工程(如隧道、桥梁等),避免主要交通运输线路的交叉。

(3)选用的道路线型应比较顺直,修建的道路质量应该较好,尽量减少道路坡度过陡、转弯过急、路基过窄、路面不良等路段,以避免使运输设备消耗过大、耗油量增大等的不良现象出现,否则,将会使得运输能力下降,甚至事故频繁,影响工程施工。

(4)施工场内道路的布置虽然可以参考有关的技术标准进行,但是由于水利水电工程施工的特殊性,如从场内进入大坝基坑,因为场地狭窄、高差过大,往往无法利用有关的技术标准,因此在保证运输安全的前提下,可以根据实际情况,进行技术经济方案的比较,适当的灵活运用技术标准。

水利水电工程施工场内交通运输线路布置关系到运输效率、运输强度、投资多少等方面,因此需要进行交通运输线路布置的方案优化和决策。

一般来讲,进行施工场内交通运输线路优化布置的程序如图4-1所示。

施工场内交通运输路线布置通常是将公路的三维空间带状构造物分为两个过程:平面设计布置和纵断面设计布置。线路平面设计布置方案是纵断面设计布置优化的前提,即只有线路平面设计布置方案已定的情况下,才能进行该平面方案的纵断面优化设计。同时,线路平面优化设计又依赖于纵断面设计优化的结果,以此作为线路平面线形调整和改善及平面方案优选的依据。当线路平面方案给定,亦即路线长度、连接施工设施的曲线要素、相应的地面标高等全部确定后,在此基础上进行纵断面优化设计布置,得到一个与纵断面最优方案相应的指标,把这个指标和平面其他技术、经济指标综合考虑后,得到这个平面方案的综合评价指标。重复这个过程,可得到平面设计布置方案的一个评价指标排序,其中最优者即为平面最优设计布置方案。实际上,在具体计算过程中,并不需要得到上述这个指标排序,而是一个迭代过程,每次计算结果只保留一个最优方案,而这个最优方案一般也只需和上一次迭代结果比较优选而得到。一般需要反复进行平面线形与纵断

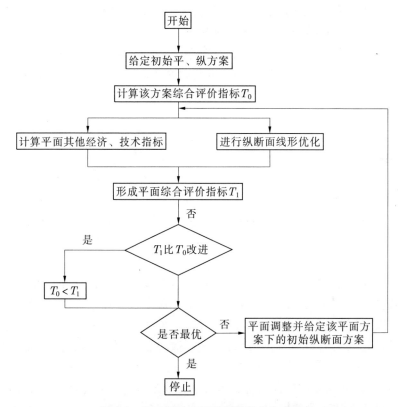

图 4-1　施工场地交通运输线路优化流程

面线形的优化,即每设定一个平面方案就要进行一次纵断面优化。经过多次这种交互的布置优化,就可确定施工场内交通运输线路。水利水电工程施工场内交通运输线路设计布置由其施工特点所决定,一般多先进行平面线路的优化布置,而纵断面的优化布置考虑相对稍小一些,这是由于地形、地质、施工特性所决定的,通常多重点考虑平面线路的布置。

线路平面布置方案的优劣直接关系到路线质量好坏、路线长短、投资多少、运输效率、运输强度等目标,好的线路平面布置方案可以提高线路几何标准,节省造价,提高经济效益和社会效益,但是施工场内线路平面布置影响因素复杂,布置时除考虑纵断面因素外,还须考虑路线的长短、工程量的大小、线形几何标准、运输费用等技术、经济指标,甚至有的工程还须考虑社会因素如政治、经济、技术、军事、交通、生态、环境、景观等诸多因素。将这些因素进行量化是相当困难的,有些问题已不是单纯的技术、经济范围之内可以考虑的。

施工场内平面线路的优化目标是在保证运输效率和运输强度以及施工对运输的限制要求条件下,使得道路修建成本最低的原则进行优化布置。通常采用成本区和成本线来表示线路可能通过范围内的各项特征,然后运用解一个运输问题求最短途径的算法来选择最佳和次佳线路。在地形、地质复杂区域,在平面线路优化时通常将工程量大小、克服地形的难易程度作为目标进行优化。平面线路优化设计布置由于牵扯的问题过多,各种因素错综复杂,因此如何在目标中综合反映这些复杂因素,有待于进一步深入研究。

水利水电工程施工场内交通运输线路平面线路设计和布置,一般需要通过交通线路将为工程施工服务的施工设施连接在一起,形成一个交通网络,实现运输高效率,满足施工高峰期的运输强度。这种连接方法通常有各种各样的方法,但各有优缺点,需要依实际情况选择方法,在本书的研究中,对于水利水电工程施工场内交通运输的设计和布置,三次 B 样条曲线拟合方法是一种有效的方法,也符合水利水电工程施工场地布置的特性。

三次 B 样条曲线的基本原理:

对于给定的 $m+4$ 个空间有序向量 $p_k(k=0,1,2,\cdots,m+3)$,依次连接各定点构成的多边形称为 B 特征多边形。用三次样条函数去拟合 B 多边形而形成的拟合曲线,称为三次 B 样条曲线,如图 4-2 所示。

三次 B 样条曲线的向量式可写成参数 t 的三次参数式,用矩阵形式表达如下:

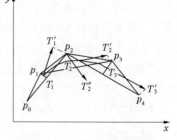

图 4-2　三次 B 样条曲线图

$$p(t) = \begin{bmatrix} t^3 & t^2 & t & 1 \end{bmatrix} \frac{1}{6} \begin{bmatrix} -1 & 3 & -3 & 1 \\ 3 & -6 & 3 & 0 \\ -3 & 0 & 3 & 0 \\ 1 & 4 & 1 & 0 \end{bmatrix} \begin{bmatrix} p_0 \\ p_1 \\ p_2 \\ p_3 \end{bmatrix} \quad (0 \leqslant t \leqslant 1)$$

式中,p_0、p_1、p_2、p_3为 4 个角点向量,将它们分解为二维平面上 x、y 方向上的分量,上式可直观地用几何方式表示,即:

$$\begin{cases} x(t) = \begin{bmatrix} t^3 & t^2 & t & 1 \end{bmatrix} \frac{1}{6} \begin{bmatrix} -1 & 3 & -3 & 1 \\ 3 & -6 & 3 & 0 \\ -3 & 0 & 3 & 0 \\ 1 & 4 & 1 & 0 \end{bmatrix} \begin{bmatrix} x_0 \\ x_1 \\ x_2 \\ x_3 \end{bmatrix} \\[2em] y(t) = \begin{bmatrix} t^3 & t^2 & t & 1 \end{bmatrix} \frac{1}{6} \begin{bmatrix} -1 & 3 & -3 & 1 \\ 3 & -6 & 3 & 0 \\ -3 & 0 & 3 & 0 \\ 1 & 4 & 1 & 0 \end{bmatrix} \begin{bmatrix} y_0 \\ y_1 \\ y_2 \\ y_3 \end{bmatrix} \\[2em] 0 \leqslant t \leqslant 1 \end{cases}$$

展开后按 t 得升幂排列,得到三次 B 样条的参数形式:

$$\begin{cases} x(t) = A_0 + A_1 t + A_2 t^2 + A_3 t^3 \\ y(t) = B_0 + B_1 t + B_2 t^2 + B_3 t^3 \\ 0 \leqslant t \leqslant 1 \end{cases}$$

式中的参数如下:

$$A_0 = (x_0 + 4x_1 + x_2)/6$$
$$A_1 = -(x_0 - x_2)/2$$
$$A_2 = (x_0 - 2x_1 + x_2)/2$$
$$A_3 = -(x_0 - 3x_1 + 3x_2 - x_3)/6$$
$$B_0 = (y_0 + 4y_1 + y_2)/6$$
$$B_1 = -(y_0 - y_2)/2$$
$$B_2 = (y_0 - 2y_1 + y_2)/2$$
$$B_3 = -(y_0 - 3y_1 + 3y_2 - y_3)/6$$

矢量的参数式为:

$$\begin{cases} x'(t) = A_1 + 2A_2t + 3A_3t^2 \\ y'(t) = B_1 + 2B_2t + 3B_3t^2 \\ 0 \leqslant t \leqslant 1 \end{cases}$$

二阶导向量的参数式为：

$$\begin{cases} x''(t) = 2A_2 + 6A_3t \\ y''(t) = 2B_2 + 6B_3t \\ 0 \leqslant t \leqslant 1 \end{cases}$$

三次 B 样条曲线的性质如下：

（1）二阶导数连续。如图 4-2 所示，p_0、p_1、p_2、p_3 决定了一条三次 B 样条曲线 T_1T_2、始点 T_1、终点 T_2，终点的切矢量 T_2'，终点的二阶导向量 T_2''。T_2、T_2'、T_2'' 由 3 个角点 p_1、p_2、p_3 向量确定，现增设另一个角点 p_4，则 p_1、p_2、p_3、p_4 4 个角点决定了另一条三次 B 样条曲线，起点 T_2，终点 T_3。起点切矢量 T_2'，二阶导向量 T_2''，T_2、T_2'、T_2'' 由三个角点 p_1、p_2、p_3 向量确定，T_2 既是第一条曲线的终点，又是第二条曲线的起点，它的位置、切矢量、二阶导向量在两段曲线中完全相等。因而，曲线 T_1T_2 与 T_2T_3 在 T_2 处相切，并且这两段曲线达到二阶连续。如此传递下去，整条三次 B 样条曲线达到二阶导数连续，这是它的一个优越性质。

（2）直观性。三次 B 样条曲线的形状主要取决于 B 特征多边形，而曲线和多边形相逼近（三次 B 样条非插值拟合）。在给定了 B 特征多边形后，由曲线端点的几何性质便可大致确定出三次 B 样条曲线的位置和形状。

（3）局部变动性。从以上分析不难发现，改动 B 特征多边形上的任何一个顶点，只会影响到以该点为中心的邻近四段拟合曲线。这一性质给三次 B 样条曲线的广泛使用带来了极大的方便。

（4）凸包性。样条拟合中第 Ⅰ 段曲线总是落在对应的第 Ⅰ 段特征多边形所构成的凸包之中，这一性质对于控制拟合线性的方位、满足控制条件非常有用。三次 B 样条曲线是一种灵活有效的逼近工具，从理论上讲，将它作为公路交通线性设计布置的曲线拟合工具是比较理想的。利用它的一些处理技巧，基本上能解决 B 样条曲线不通过控制点的问题,并能根据线形组合的要求构造出直线、曲线及反向曲线等形式。可以肯定,利用这一性质将三次 B 样条曲线应用于交通线路布置是有效可行的。

从前面的分析可知,相邻的四个点可以形成一段三次 B 样条曲线。在交通线路线形布置设计时,若认为某处曲线位置不恰当,调整对应点的位置,只会影响相邻两段曲线的布置,不会影响整条曲线的形状。这一良好的特性为拟合曲线的适时修改及方位控制提供了方便。

三次 B 样条曲线应用于交通线路的布置,线路的曲率比较容易控制,拟合曲线上任意点的曲率计算公式如下:

$$\theta(t) = \frac{x''(t)y(t) - y''(t)x(t)}{[x'(t) + y'(t)]^{\frac{3}{2}}} \quad (0 \leqslant t \leqslant 1)$$

曲率半径计算公式:

$$R(t) = 1/\theta(t) \quad (0 \leqslant t \leqslant 1)$$

利用这一性质,可以跟踪和检验拟合曲线上任意点的曲率或曲率半径,并与技术标准相对照,从而检验曲线线形质量的好坏。

利用三次 B 样条曲线方法得出水利水电工程施工交通运输线路的平面布置,是施工场内交通布置其中的一种方法。由于水利水电工程施工设施数量比较多,可以得到多条线路布置方案,根据施工特点,需要从中选择、决策出合理的方案。

水利水电工程施工场内道路布置评价的指标通常有线路质量好坏、线路长短、投资多少、运输效率、运输强度、纵断面线形、工程量的大小、线形几何标准、运输费用等,有的工程还须考虑社会因素。

利用在第 3 章中提出的模糊决策理论模型进行综合评价,选出合理的场内交通运输布置方案。

水利水电工程施工场内交通运输线路方案的决策评价指标体系可以由总目标层、宏观目标层、中观目标层、微观目标层组成。宏观目标层由技术可行性、经济合理性、施工及环境影响、社会政治经济意义四个目标组成;中观目标层和微观目标层是对宏观目标层目标的细化分解,它包括定量指标和定性指标。结合具体的实例拟定出方案的评价指标体系,如图4-3所示,它可依据各施工场内的交通运输线路的方案优化实际情况作相应调整。

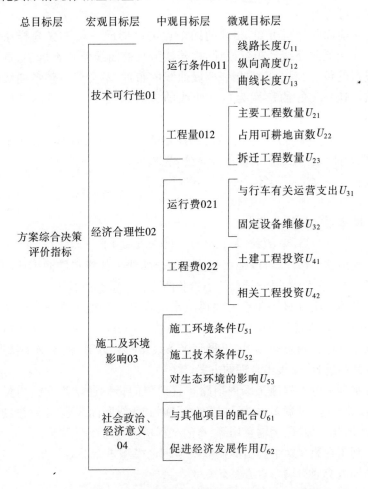

图 4-3 水利水电工程施工场地交通运输方案决策评价指标

　　然后利用模糊决策模型,分层次计算隶属度、赋权值,计算出系统中各方案从属于优向量的隶属度,根据最大隶属度原则,求得系统中的最优方案或得到方案的最优排序。

4.3 施工场地道路通行能力计算方法

水利水电工程施工场内交通运输线路布置完成后,需要对交通运输系统的道路通行能力进行分析,以保证在工程施工时,满足工程施工所需要的运输效率和运输强度的要求。通常,在施工道路布置时,已经考虑了道路的通行能力,但是这种通行能力是针对正常的道路行驶,而水利水电工程道路多具有临时性,且处于复杂的地形、地质地段,交叉路口多,这些必然影响到车辆的通行能力。因此,研究水利水电工程施工场内道路通行能力对满足工程施工及交通运输所提出的要求具有重要的意义。

水利水电工程施工场内交通运输的道路通行能力是指在规定的交通条件、道路条件及人为度量标准下,单位时间内能通过的最大交通量。在道路网络规划、建设及管理过程中,如何确定道路建设的合理规模及建设时间,如何制订道路网的最有效管理模式,都需要以道路通行能力为依据。影响道路通行能力的"瓶颈"是道路的交叉口,因此道路交叉口通行能力的研究是关键。

施工场内交通道路交叉口通行能力的研究一般多采用理论法、经验法、计算机模拟法等,常常将三种方法混合使用。研究中以理论法为主,以实际观测和调查为辅,以计算机模拟为手段,建立各种条件下交叉口的通行能力分析模型。对主路优先交叉口的通行能力分析方法是间隙分析法,根据不同假设的间隙接受过程和理论可以推出各种通行能力的计算模型。自由通行交叉口的通行能力的分析方法是车队分析法,经典的通行能力分析计算方法都是建立在间隙理论基础上的,即假设主路车流有优先通行权,无任何延误,此路车流只能利用主路车流的可接受间隙横穿,但实际上,多数交叉口的相交车流中,很难区分主次,也不存在主路车流优先的问题,如图4-4所示。在无控交叉口,当交通量较大时,车流通过交叉口具有明显的车队特征,即车流以车队形式交替穿插通过,尽管交通量较小时有单辆车辆通过现象,但也可以认为此时车队长度为1,从而建立交叉口的通行能力模型。道路通行能力的研究对于保证工程顺利施工具有重要的意义。

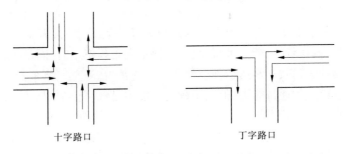

十字路口   丁字路口

图 4-4　道路交叉口车辆运行状态

交叉口分析法有理论法和经验法,理论法主要有间隙接受理论、车队分析法,经验法主要有延误分析法、综合计算法。一般情况下,间隙接受模型适合于主次分明的平面交叉口,车队分析法适用于主次交叉口不太分明的情况。施工场内道路交叉口的道路拓扑模型,一般如图4-5所示。

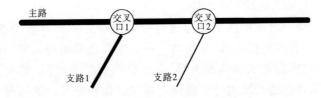

图 4-5　施工场内道路交叉口拓扑

间隙接受模型如下说明:

主路优先即主路车辆的运行优先于将穿越交叉口的支路车辆,同时支路车辆必须让行于主路车辆,如图4-6 所示。

以此为前提,根据不同假设的间隙接受过程和理论,可以推出各种通行能力计算模型,间隙接受法实际就是在两个相交的车流中应用一个简单的排队模型。

设主路的交通流量为 v_p，支路的交通流量为 v_n，主路车流优先通过交叉口的冲突区，不产生延误，支路车流必须在交叉口前等待，只有当主路的车流间隙至少有一个 t_c 的间隙即 $h > t_c$ 时，允许支路通过

主路优先车流

支路让行车流

图 4-6

一辆车，当主路车辆间隔 $h > t_c + t_f$ 时，允许两辆车通过，当 $h > t_c + nt_f$ 时，允许 $n+1$ 辆车通过。t_c 为临界间隙，即交叉口主路车流允许支路等待穿越车辆通过主路的最小间隙，s。t_f 为支路排队车辆连续通过交叉口时相邻两车之间的时间间隔，s。t_m 为主路运行车流中两相邻车辆间的最小跟车时距，s。

设 $g(t)$ 为主路车流间隔为 t 时支路车流通过交叉口的数量，$f(t)$ 为主路车流间隙分布的概率密度函数，则支路通行能力为：

$$c_n = v_p \int_0^\infty f(t)g(t)\mathrm{d}t$$

式中：c_n 为支路车流离开停车线穿越冲突区的最大可能交通流量。

$f(t)$ 有以下两种分布：

（1）负指数分布。

$$f(t) = \lambda \mathrm{e}^{-\lambda t}$$

式中：λ 为主路车流的到达率，辆/s。

（2）M3 分布。

该分布引入了非结串系数 α，在实际中，由于主路的混合车流的相互影响，一部分慢速车辆影响了其他车辆性能的发挥，因此形成部分车队。在主路的车流中，一部分车辆处于自由行驶状态，不受其他车辆的干扰，而另一部分受其他车辆的影响，形成了一阵串流。

$$f(t) = \begin{cases} \alpha\lambda\mathrm{e}^{-\lambda(t-t_m)} & t > t_m \\ 1 - \alpha & t = t_m \\ 0 & t < t_m \end{cases}$$

式中:α 为车头时距大于 t_m 自由行驶车辆的比率;λ 为一个衰减系数,它是一个常值,$\lambda = \dfrac{\alpha v_p}{1 - t_m v_p}$。

应用概率统计公式,两车流相交的最简单的交叉口通行能力可以方便的计算出。

为讨论方便,一般假定:①临界间隙 t_c、随车时距 t_f 为常值。②主路优先的到达时距分布为负指数分布。

可穿越交叉口的间隙个数有两种表达形式,一种是离散型表达,一种是连续型表达。对于不同的表达,交叉口的通行能力计算略有不同。

(1)在离散情况下:

$$G(t) = \sum_{n=0}^{\infty} n * p_n(t)$$

式中:$p_n(t)$ 为在 t 时间间隔内有 n 辆支路车进入交叉口的概率。

$$p_n(t) = \begin{cases} 1 & t_c + (n-1)t_f < t < t_c + nt_f \\ 0 & \text{其他} \end{cases}$$

由于

$$c_n = v_p \int_0^{\infty} f(t) g(t) \, \mathrm{d}t$$

因此

$$c_n = \frac{v_p \mathrm{e}^{-v_p t_c}}{1 - \mathrm{e}^{-v_p t_f}}$$

或

$$c_n = \frac{v_p \mathrm{e}^{-v_p(t_c - t_f)}}{\mathrm{e}^{-v_p t_f} - 1}$$

(2)在连续表达情况下:

$$g(t) = \begin{cases} 0 & t < t_0 \\ \dfrac{t - t_0}{t_f} & t \geq t_0 \end{cases}$$

$$t_0 = t_c - \frac{t_f}{2}$$

由于 $\qquad c_n = v_p \int_0^{\infty} f(t) g(t) \, \mathrm{d}t$

因此
$$c_n = \frac{1}{t_f}e^{-v_p t_c}$$

若 $f(t)$ 采用 M3 分布，则可穿越交叉口的间隙个数的表达形式如下：

（1）在离散情况下。

$$G(t) = \sum_{n=0}^{\infty} n * p_n(t)$$

$$f(t) = \begin{cases} \alpha\lambda e^{-\lambda(t-t_m)} & t > t_m \\ 1-\alpha & t = t_m \\ 0 & t < t_m \end{cases}$$

$$\lambda = \frac{\alpha v_p}{1 - t_m v_p}$$

由于
$$c_n = v_p \int_0^{\infty} f(t)g(t)\,dt$$

因此
$$c_n = \frac{\alpha v_p e^{-v_p(t_c - t_m)}}{1 - e^{-\lambda t_f}}$$

当 $\alpha = 1, t_m = 0$ 时
$$c_n = \frac{v_p e^{-v_p t_c}}{1 - e^{-v_p t_f}}$$

（2）在连续表达条件下。

$$g(t) = \begin{cases} 0 & t < t_0 \\ 1 & t = t_0 \\ \dfrac{t - t_0}{t_f} & t > t_0 \end{cases}$$

$$t_0 = t_c - \frac{t_f}{2}$$

$$f(t) = \begin{cases} \alpha\lambda e^{-\lambda(t-t_m)} & t > t_m \\ 1-\alpha & t = t_m \\ 0 & t < t_m \end{cases}$$

$$\lambda = \frac{\alpha v_p}{1 - t_m v_p}$$

由于
$$c_n = v_p \int_0^\infty f(t) g(t) \mathrm{d}t$$

因此
$$c_n = \frac{\alpha v_p \mathrm{e}^{-\lambda(t_c - t_m)}}{\lambda t_f}$$
$$= \frac{(1 - v_p t_m) \mathrm{e}^{-\lambda(t_c - t_m)}}{t_f}$$

经过计算,这几种情况计算结果相差不大,为方便计算,一般用简单的连续负指数分布来表达:

$$c_n = \frac{1}{t_f} \mathrm{e}^{-v_p t_c}$$

即可满足计算分析的精度。

通过交通通行能力的分析,可以确定道路建设的合理规模,为道路设计、车辆配备、场地分配提供科学的理论根据。

一般对于大型车 $t_c = 8.0\ \mathrm{s}$, $t_f = 3.0\ \mathrm{s}$, $t_m = 2.0\ \mathrm{s}$, $\alpha = 0.2, 0.4, 0.6, 0.8, 1.0$。

施工运输在多数情况下是一种单向运输,运输距离不长,运输车辆有限,运输强度和线路布置工作服从于施工期限的要求。因此,研究道路通行能力有助于满足工程施工强度和保证工程进度计划的顺利执行。

4.4 施工场地道路通行能力模拟

水利水电工程施工交通运输系统道路通行能力的研究除计算方法外,计算机技术的不断发展和便利的计算工具的出现,还可以利用计算机模拟方法(模拟技术)来模拟施工场内交通运输系统道路的通行能力,并且可以采用可视化技术使得模拟过程更加形象直观。计算机模拟施工场内道路通行能力立足于道路通行能力的计算方法,上节所述提供的计算模型对于计算机模拟提供了理论基础,保证了模拟结果的精确和与实际情况的接近程度。

4.4.1 模拟的基本理论和概念

系统是指具有一定的特定功能,按照一定的规律结合起来,相互作用、相互依存的物体的集合或总和。它具有整体性和相关性的基本特征。所谓的整体性，即系统内的各部分是不可分割的;相关性是指系统内各物体相互之间以一定的规律联系着。系统由实体、属性、活动组成。系统模拟基本上可以分为连续事件系统模拟和离散事件系统模拟。离散事件系统模拟更加依附于实际背景和贴近于实际应用,该系统的研究和模拟中最基本的问题是系统的建模,建模的目的是要建立与系统模型有同构或同态关系的,能在计算机上试验的模型。

离散事件系统模拟一般是通过时间或事件的推进来表述系统的动态变化过程,系统模拟中时间的变化是用一个逻辑时钟时间的数来表示的,模拟时钟有两种推进方式,即时间步长法和事件步长法。

4.4.2　可视化的基本理论与实现技术

可视化(Visualization)即科学可视化(Scientific Visualization),它是对计算结果及数据进行深入分析,以获得对数据的理解和洞察,实现把计算中所涉及的和所产生的数字信息转变为直观的、以图像或图形信息表示的、随时间和空间变化的物理现象或物理量呈现在专业人员面前,使其能够观察到模拟和计算过程,即看到传统意义上不可见的事物或现象,并提供与模拟和计算的视觉交互的手段。可视化的目的是依靠人的强大的视觉能力,促进对所观察的数据更深一层的了解,培养出对新的潜在过程的洞察力。可视化技术是科学计算与图形图像技术的结合,它涉及科学与工程计算、计算机图形学、图像处理、人机界面等多个学科和技术领域。作为一种新兴的技术,自面世以来获得了飞速的发展,在各学科中广泛得到了应用。可视化技术实现的技术手段有许多种,但编程语言一般多采用 Fortran、C 语言,以及目前使用较广泛的有 OOP(Object Oriented Programming,面向对象程序设计)方法的常用语言,如 VB、VC++等。

4.4.3　施工交通运输系统建模

水利水电工程施工交通运输系统虽然表面看来场面宏大,但经过抽象分析基本可以建立如图 4-7 所示的模型,无论是大型地下洞室的开挖或土石方明挖、土石坝(堆石坝)坝体的填筑以及混凝土坝的汽车运输上坝,均可以抽象为如图4-7模型的一个循环或者是其扩展。由于水利水电工程规模宏大,一个项目的工期持续约几年或十几年,在工程工期内,就是这样一个或几个扩展过程的循环。因此,经过抽象分析,可以建立如图4-7所示的基本系统模型,即装载服务、实车运行服务(不同路段以及不同路况可以作为一个运行服务段)、交叉路口服务(丁字路口和十字路口)、卸载服务、空车运行服务(不同路段及不同路况可以作为一个运行服务段)。在该模型抽象分析过程中,把车辆作为一个活动来看待,装载点交叉路口、卸载点以及路上的运行均作为一个服务台看待。该模型用系统模拟中的离散事件系统模拟方法模拟具有非常独到、贴近系统实际运行的效果。通过计算机模拟,可以模拟出装载点的装载效率,从而判断出该施工交通运输系统机械设备的配备情况,以及交叉路口的行车能力、卸载点的卸料效率等,根据模拟结果可以通过调整车辆、机械设备的配备,以便达到工程施工的要求。

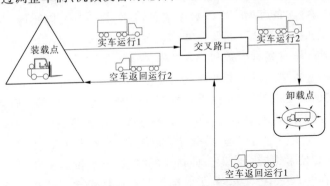

图4-7 水利水电工程施工场内交通运输系统分析

通过上述的分析,将水利水电工程施工交通运输系统进行了物理抽象分析,但是这种模型还不便于计算机模拟,还需要进一步抽象为便于计算机理解的模型,这种抽象模型要求用计算机语言可以方便的进行程序编写,因此必须与一定的系统工程数学模型结合起来。根据分析,无论是装载点、卸载点,还是交叉路口,根据水利水电工程施工交通运输系统的特性,均可看做一个有限源多级随机服务系统。这样,模拟模型可以抽象为如图 4-8 所示的基本模型。在这个基本模型中,由排队结点、服务结点、道路通行结点三个结点组成,如装载点可以由车辆排队、车辆被服务(装车)、实车运行三个结点组成,为便于区别和识别不同的服务台(如装载点、卸载点),可以对这些结点进行编号,标号要便于记忆和识别,尤其对于复杂的系统,显得更加重要。

图 4-8 交通运输模拟模型

对于交叉路口,同样可以如此处理。但根据模拟的精度要求,可以分为丁字路口、十字路口、其他形式路口,对于不同的路口可以看做不同的服务台看待,在结点编号时视为一个独立的服务结点。如果要求进一步提高模拟精度,还可以对丁字路口、十字路口等进行更加细致的分解,这种分解可以根据路口内的冲突点来进行。

根据建立的模型,应用离散事件系统模拟中的时间步长法编写相应的计算机程序,根据不同情况,可以选用 Fortran、C、VC++ 等语言。在本书中所述的程序开发时,采用 C 语言编写了相应的计算机模拟程序和动画演示程序,之所以选用该语言,主要考虑的是模拟过程和结果可视化实现的方便。

4.4.4 可视化的实现

模拟过程和结果虽然可以采用数据、图表形式表示,但对于这种大型的离散系统的模拟数据,不但数据量大,而且会产生许多中间结果,非专业人员往往感到烦琐和难于理解。因此,模拟结果的可视化就成为研究的一个必要环节。为了直观、形象地表示模拟过程和结果,本研究采用了计算机图形学中的动画技术结合数值计算中的三次 B 样条插值方法及人机交互界面技术,这些技术的综合运用,使得模拟过程和结果能以方便、直观、形象的方式表达出来。尤其是通过编制友好的人机界面,对于非专业人员也可以通过简单的学习,很快掌握该软件的使用方法,并对模拟过程和结果有一个感性的判断。对于交通运输系统的模拟,通过可视化,使得车辆在道路上的运动、装车、卸车、通过交叉路口、排队等待等过程以形象化的方式展现在计算机屏幕上,观察者如同在"看电影片断",从而可以定性判断出系统的运行状况,再通过与模拟计算的数据结果的比较,就可以对系统的运行状况准确把握。

4.4.4.1 动画效果的实现

动画效果实现的关键是"精灵"(物体)的迅速移动,移动速度要与观察者的正常视感觉相适应。在程序中实现物体移动的机制是:擦除所表现的物体在屏幕上当前所占有的位置,然后在屏幕上的新位置重新显现这个物体,新位置必须是紧靠原来的位置,物体被擦掉并重新显现的过程需要快速完成,这样观察者才会有一种动画的感觉。

实现动画的过程从一般意义上讲,是对所表现物体的显现、擦除、再显现的一个连续的实现过程,目前用计算机实现这一过程比较好的方法是对屏幕上所表现的物体所占有的位置上的每一个点进行逻辑"异或"(XOR)操作。具体实现方法有 BITBLT 动画法、线框动画法、实时动画法、色彩循环法等。

BITBLT(Bit Boundary Block Transfer)动画法又称方块图、软件动画、图形阵列动画、快照动画、部分屏动画。这种方法仅处理屏幕的一部分,可以有极高的显示速度,本书所开发的软件采用的是 C 语言,使用 C 语言的 imagesize 函数可以在 RAM 中申请存储器来存储显示缓存中一个矩形方块的内容,getimage 函数可用来在 RAM 中以阵列方式存储图形数据,再用 putimage 函数将图形置于屏幕上的不同位置,由此便产生动画效果。BITBLT 动画法由于只处理屏幕上被选择的区域,因而可以保存复杂的背景,从而节省重画背景图形的时间和存储器。由于本研究图形背景比较复杂,多是弯弯曲曲的道路,并且不一定有规律,在屏幕上重画一次速度较慢,使用 BITBLT 动画法可以保存图形背景,又能达到动画的效果,因此本研究在动画方法选择时应用了该方法,其他动画方法因篇幅所限不再详述。

4.4.4.2 动画背景的制作

本书所开发的软件拟作为一个交通运输系统模拟的通用性软件，图形背景是所要模拟的交通运输系统的实际施工时的平面布置状况，例如道路的平面布置图，而在大型工程施工时，工程多位于山区、峡谷，这类图形在平面布置上一般是弯弯曲曲的，很少直线段，而用计算机实现直线段或按一定数学函数可以表示的曲线的画法是比较容易的，但对于没有一定规律的曲线则有一定的困难。因为要实现动画效果，用BITBLT动画法实现时图形背景保留不动，仅仅所表现的物体在背景图形上按一定的轨迹运动，对于交通运输的道路，就是车辆按照道路轨迹在运动。实现动画效果时，需要知道道路上的每一点的坐标，以便运动的车辆在当前位置时可以预测到下一次运动到的位置的坐标，对于这种没有一定规律的曲线如何在计算机运行过程中知道图形背景上车辆所处位置的下一次移动到的位置点的坐标，就成为寻求图形背景画法的难点所在，并且该模拟与可视化表现是实时动画，即模拟推进一步，则在动画屏幕上要立即显示与实际相应的位置，就进一步增加了难度。本书在处理这一问题时，首先从施工交通运输系统平面布置图上采集点，这些点的选择需要有一定的技巧，即对于图形曲率大的地方必须有点，且可以多选几个点，这些点尽量靠近一些，而图形上曲率小的地方，则可以少选几个点，这些点可以离散一些。其次，采用三次插值B样条法，进行曲线的拟合和绘制。最后，因为交通运输系统的道路是有一定的宽度的，而且在动画实现时，又想表现空车与实车的区别，而且空车和实车要沿着不同的轨迹运动，因此，对已拟合的曲线需要进行平行移动，并记录其曲线上的每一点坐标值，将其保存在一个文件中，以便动画的运动。实时动画的实现可以通过函数的调用。

4.4.4.3 屏幕编辑技术

由于将水利水电工程施工交通运输系统的平面图按一定比例在计算机上画出时，画面非常拥挤、细密，不便于观察，而且动画显示时更加难以看出运动效果，因此，采用适当的屏幕编辑技术是必要的，如局部放大、整体缩小、放大和缩小区域的选择等。本研究在程序开发时，根据水利水电工程特性所应用的屏幕编辑技术有开窗和剪取、图形的卷动、图形的放大和缩小、图形区域的填充等。这些技术的应用使得非专业人员可以感性、直观地观察在计算机运行时的模拟过程和模拟结果，并且可以自己选择没有观察清楚的模拟部分，返回特定区域进行进一步仔细观察。有时在观察局部模拟过程时，希望看到整体的状况，则可以自己操作在一个小窗口内显示整体模拟状况。

4.4.5 模拟实例

某水利水电工程位于红水河上，按照设计，施工场地布置有三个装料点和一个卸料点，运输道路上有两个交叉路口。图4-9为某工程施工交通运输系统的道路拓扑图，表4-1为某工程施工交通运输系统机械配备表。

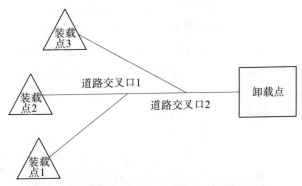

图4-9　某工程施工交通运输系统的道路拓扑图

表4-1　某工程施工交通运输系统机械配备

料场	装载机（m³）/台数（台）	汽车载重量（t）	汽车台数（台）	服务时间分布（min）
1	5/1	32	5	正态，均值3.6，方差0.5
2	5/1	32	5	正态，均值3.6，方差0.5
3	10/1	45	5	正态，均值4.8，方差0.5

在进行计算机模拟时，是按照设计图纸上的实际道路形状及一定的比例出现在计算机屏幕上的。计算机模拟时要求模拟出装料点和卸

料点的效率及交叉路口的繁忙程度、车辆在实际交通系统中道路上的运行状况。经过计算机模拟，模拟的部分结果见表4-2和图4-10。

表4-2　某工程施工交通运输系统模拟结果　　　　　　（%）

料场	汽车利用率	装载机利用率	叉口1忙期	叉口2忙期	卸场利用率
1	94	32			
2	95	28	8	16.5	66
3	91	80			

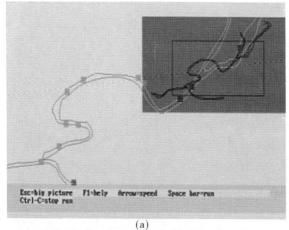

(a)

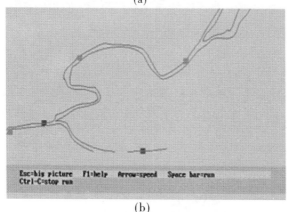

(b)

图4-10　某工程模拟可视化实景

通过观察动画演示和模拟结果记录分析,某工程施工交通运输系统的设计还有潜力可挖掘,交叉口 1 和交叉口 2 的忙期分别为 8% 和 16.5%,即道路的通行能力是富余的,如果为了减少成本或其他原因,可以对道路的线形进行调整或对道路交叉口的设计进行修改。在计算机模拟过程中,模拟结果自动记录在一个文件中,同时,通过可视化动画技术的实现,可以直观地看出道路上的"瓶颈口"——交叉路口车辆的排队等待状况,以及装料点、卸料点的交通运输状态,车辆在道路上的运行状况等,并可以通过人机界面的菜单提示,局部显示道路的车辆运行情况,即计算机模拟过程。通过这种可视化动画所表现的模拟过程和在文件中所记录的模拟过程和结果进行对比,在某种程度上讲是对交通运输系统的定性和定量的描述与判断,更进一步增加了计算机模拟的可信度和模拟过程的透明度。图 4-10 中,灰色小方块代表空车运行,黑色小方块代表实车运行,其中图 4-10(a)的右上方所出现的小图形是在模拟过程中通过菜单提示按键所显示的帮助图形,图 4-10(b)是在整体图形上通过命令键所选择的显示区域,也就是由于整体图形在屏幕显示上过于拥挤不便于观察模拟过程,通过操作命令键选取某一区域的模拟过程或者是模拟过程在该区域该时间段的运动状态。在模拟过程中随着模拟时钟的推进,灰色小方块和黑色小方块沿着图形上的弯弯曲曲的道路在运动。同时,在另外一个文件中,模拟过程和结果以数据形式得到保存,以便专业人员进一步深入分析使用。

经过实例验证,计算机模拟方法对水利水电工程施工场内交通运输道路通行能力的研究具有一定的积极作用,尤其是模拟过程的可视化克服了枯燥的数字和图表的缺点,使得模拟结果和过程形象化。结合数字和图表的模拟结果,从多角度更好地反映了所模拟的交通运输系统的状态,随着计算机技术的发展和技术手段的丰富,以及道路交叉口通行能力理论研究的深入和计算机模拟技术的可视化的表现手段的不断丰富,模拟结果将会更加准确,可视化效果将会更加接近实际状况。

4.5　施工场地车辆优化调度决策方法

水利水电工程施工交通运输受到运输时限、运输成本等的限制,在道路网布置确定、通行能力确定的条件下,运输车辆的调度问题就成为关键。一般由于水利水电工程施工运输车辆均为大吨位车辆,车辆造价高,而且有道路通行的限制及施工队运输时限的要求,因此车辆数量不会很多,但对车辆的周转和运输时间有一定的要求,需要通过优化调度来满足工程施工的需要,并达到节约费用的目的,同时也减少了车辆通行中的干扰。

运输调度可以通过对车辆的优化调度方案和对方案的多目标决策实现,因此对该问题的处理,可以通过两个步骤来进行,首先进行车辆优化调度方案的初选,然后对初选方案进行决策,选出合理的运输方案。

车辆优化调度问题最早由美国 Dantzig 和 Ramser 于 1959 年首次提出,并引起运筹学、应用数学、组合数学等学科专家的重视,成为运筹学与组合优化领域的前沿和研究热点问题。对于该问题根据空间特性和时间特性,分为以下几类:①当不考虑时间要求,仅根据空间位置安排线路时为车辆线路安排问题(Vehicle Routing Problem,VRP);②考虑时间要求安排线路时为车辆调度问题(Vehicle Scheduling Problem,VSP);③同时考虑空间位置和时间要求时为混合问题(Routing 和 Scheduling)。按任务性质分,有对弧服务问题(如中国邮递员问题)和对点服务问题(如旅行商问题),以及混合服务问题(如交通车辆线路安排问题)。车辆调度问题可以构成整数规划模型,也可以构造成图论及其他模型,这些模型之间存在着某种联系,但从建立模型时的出发点考虑,大多数模型均可看成是下面三种模型的变形和组合,即以车流为基础的模型、以物流为基础的模型和集覆盖模型。车辆优化调度问题的求解方法很丰富,一般有精确算法(如分枝定界法、网络流算法、动态规划方法等)和启发式算法,由于 VSP 是强 NP 难题,高效的精确算法存在的可能性不大,所以应将主要精力放在构造高质量的启发式算法上,其一般有构造算法、两阶段算法、不完全优化算法、改进算法等。

设定要完成的运输任务共 m 项,即 $A_1,A_2,\cdots,A_m$,其每一项任务的装载点分别为 $u_1,u_2,\cdots,u_m$,对应的卸载点分别为 $v_1,v_2,\cdots,v_m$,运输量分别为 $g_1,g_2,\cdots,g_m$。已知运输工具的可载量为 q。假定有 n 个车场 $A_{m+1},A_{m+2},\cdots,A_{m+n}$ 可供使用(发出空车和接收空车),它们与各运输任务的装载点和卸载点位于同一连通道路网上,各车场根据自己当时的情况,将第二天可派出的空车数 $b_{m+1},b_{m+2},\cdots,b_{m+n}$ 与可接收的空车数 $c_{m+1},c_{m+2},\cdots,c_{m+n}$ 及时提供给调度中心。调度中心要确定完成各项任务所需的车辆数,然后进行优化调度。

完成运输任务 A_i 所需的车辆数 a_i 可按如下方法确定:

(1)当 g_i/q 为整数时,取

$$a_i = g_i/q$$

(2)当 g_i/q 不为整数时,有

$$g_i = [g_i/q]q + \phi = a'_i + \phi$$

此处,$\phi > 0$,$[g_i/q]$ 为数值不大于 g_i/q 的最大整数。

①如不允许车辆超载,则取

$$a_i = a'_i + 1 = [g_i/q] + 1$$

②如允许车辆超载,且可将所运货物 ϕ 全部分配于 a'_i 辆车上,则取

$$a_i = a'_i$$

③如虽允许车辆超载,但因货物量 ϕ 较大,而不能全部分配给 a'_i 辆车,则不考虑超载,仍取

$$a_i = a'_i + 1$$

优化调度如下:

考虑每项运输任务,其装载点至卸载点为重车行驶,且必须完成,故将这一运输任务简化为一个重载点。

对重载点 i,为运送其货物量 g_i,需要 a_i 辆空车,它们将货物运抵目的地后,又提供出空车 a_i 辆。这些空车驶向其他货运业务的装载点(或车场),继续执行运输任务(或完成运输任务)。在重载点之间及重载点与车场之间为空车行驶,在重载点内部为重车行驶,车辆交替进行

空驶和重驶,直至完成运输任务返回某一车场。各重载点之间及重载点与车场之间的距离可按最短路方法确定。

设由 i 点(这里所说的点指车场或重载点)发往点 j 的空车数为 x_{ij},其运行费用为 c_{ij},则使总费用最少的调度问题可描述如下:

$$
\begin{cases}
\min Z = \sum_{i=1}^{m+n} \sum_{j=1}^{m+n} c_{ij} x_{ij} \\[2mm]
\sum_{j=1}^{m+n} x_{ij} = a_i \quad i = 1,2,\cdots,m \\[2mm]
\sum_{j=1}^{m+n} x_{ij} \leqslant b_i \quad i = m+1, m+2, \cdots, m+n \\[2mm]
\sum_{i=1}^{m+n} x_{ij} = a_j \quad j = 1,2,\cdots,m \\[2mm]
\sum_{i=1}^{m+n} x_{ij} \leqslant c_i \quad j = m+1, m+2, \cdots, m+n \\[2mm]
x_{ij} \geqslant 0, 且为整数
\end{cases}
$$

则该问题为一运输问题,利用表上作业法可以进行求解,如表 4-3 所示。

表 4-3

发		收		空车供量
		重载点	车场	
		$1,2,\cdots,m$	$m+1,\cdots,m+n$	
重载点	1 2 ⋮ m	$C—C$	$C—F$	a_1 a_2 ⋮ a_m
车场	$m+1$ ⋮ $m+n$	$F—C$	$F—F$	b_{m+1} ⋮ b_{m+n}
空车需量		$a_1, a_2, \cdots, a_m$	$c_{m+1}, c_{m+2}, \cdots, c_{m+n}$	

通过该步骤可以得到运输调度的初步方案。

在完成第一步的基础上，根据运输任务、运输时限、运输道路等要求的限制，利用第 3 章所提出的多目标模糊决策理论，进行运输方案的决策优选。其评价指标通常有适应运输任务程度、满足运输时限的程度、是否适合在道路段的运行等，通过给这些指标赋权值，利用第 3 章 3.1.2 部分公式：

$$u_j = \frac{1}{1 + \left(\dfrac{d_{jg}}{d_{jb}}\right)^2}$$

计算出各方案的相对优属度，从而得到合理可行的决策方案。

第5章　面向施工过程的场地冲突分析及决策策略研究

5.1　水利水电工程施工过程场地动态分析

水利水电工程施工场地布置包括施工前的为施工服务的施工设施的布置和交通运输线路的布置。当这些工作完成后,施工过程中的施工场地布置或施工场地管理就变得非常重要了,施工的过程实际上是一个在限定的时间内、有限的资源提供下对自然的改造过程。由于实际施工过程中,影响因素复杂多变,因此施工场地的布置也需要随着这种影响而作相应的调整,或者是总称为施工场地管理。目的是要充分利用有限的施工场地,减小施工成本,为施工操作提供安全的施工空间,以及结合环境保护、生态保护,减少场地的占用面积。

施工过程的场地布置一般有场地的多次利用问题、场地安全空间的设计问题、场地随进度计划的推进所发生的场地冲突分析和解决问题、施工场地的合理利用问题、随标段的划分所带来的施工场地的合理分配问题等。为了不失一般性,所有的这些问题,均可归结为施工场地－进度计划的冲突问题,如场地分配的不合理,影响到施工操作效率的充分发挥,而施工效率的不完全发挥,或施工效率的发挥受到施工场地布置不合理的干扰,都将影响到施工进度的的顺利完成;而有时受一些外界因素的影响,施工进度计划的提前或延后,将会使施工场地的布置发生变化,或引起施工场地互相之间的干扰,这些又引起合理的施工操作效率的发挥,以至于使得施工质量受到影响。所有这些现象在工程施工中都是不可避免的,在我国现阶段的工程实际施工中,这类现象更是经常发生,即使在国外或国际工程承包或施工中,也是不断出现的现象。

此外，在施工过程中经常发生安全问题，而且常常难以根除，但是深入分析发生这些问题的原因可以发现，施工场地布置的不合理和施工场地管理方法不当，是导致安全事故发生的主要原因，据有关资料统计，1994～1999年发生在水利水电工程施工生产中的工伤事故计1 455起，高概率、高危害、高损失的事故主要集中在车辆伤害、坍塌、起重伤害等三个类别事故中，从表面上看，人的违章行为引发的伤亡事故十分突出，但究其深层次原因，绝大多数事故都存在着安全管理上的缺陷和事故隐患，施工场地的不合理分配是其中的一个重要因素。水利水电工程施工的作业环境普遍比较差，作业本身潜在的危险性大，作业现场的不安全因素多，有些作业的不安全状态还相当严重，并且在短期内还难以改善，因此施工现场作业人员的人身安全就需要管理工作做保障了，下大力气做好防护设施，改善作业条件，实施规范化管理，堵塞各种安全漏洞，制度建设、管理措施的加强、人员的安全意识教育等不妨是管理的一些手段。但从技术措施上进行创新有助于管理手段的改善，施工场地管理不失为减少安全事故发生的有效技术手段。

从重大伤亡事故综合统计计算（见表5-1）中可以看到，前六项所引起的伤亡事故数量大、损失重，而它们均与施工场地密切相关，施工场地的合理布置是否可以减少事故的发生呢？通过资料分析，高概率事故的前七类有提升及车辆伤害、高处坠落、起重伤害、坍塌、触电、物体打击、机械伤害；高危害事故的前七类有瓦斯煤尘爆炸、冒顶片帮、放炮、提升及车辆伤害、坍塌、淹溺、起重伤害，其中瓦斯煤尘爆炸、冒顶片帮、放炮、淹溺均为低概率事故；高损失事故的前七类有瓦斯煤尘爆炸、冒顶片帮、提升及车辆伤害、坍塌、淹溺、起重伤害、火灾。因此，"三高"事故主要集中在提升及车辆伤害、坍塌、起重伤害三个类别中，可见这些事故集中发生的地方，均与施工场地有着直接的关系，尤其对起重伤害事故来讲，合理的场地布置完全可以避免事故的出现。

以上所述的问题，均与施工场地的布置和分配（管理）有直接或间接的联系，因此施工过程中的施工场地布置和分配问题有必要引起研究人员及相关人员的关注和重视。

表 5-1　重大伤亡事故综合统计计算

事故类别	案例数（起）	死亡人数（人）	直接经济损失		直接经济损失（万元）	直接经济损失严重度（万元/次）	事故死亡严重度（人/次）	人均经济损失数（万元）	占总案例的百分比（%）
			案例数	死亡人数					
提升及车辆伤害	31	46	26	40	213.97	8.23	1.48	5.35	23
高处坠落	30	31	25	26	93.18	3.72	1.03	3.58	22
起重伤害	17	21	12	16	101.58	8.47	1.24	6.35	12.5
坍塌	15	20	12	14	51.08	4.26	1.33	3.65	11
触电	11	11	9	9	26.19	2.91	1.00	2.91	8.09
物体打击	11	11	10	10	20.42	2.04	1.00	2.04	8.09
机械伤害	7	7	5	5	15.90	3.18	1.00	3.18	5.1
放炮	4	6	3	4	11.70	3.90	1.50	2.93	2.94
瓦斯煤尘爆炸	2	6	2	6	52.52	26.26	3.00	8.75	1.47
淹溺	3	4	2	4	28.47	14.24	1.33	9.49	2.21
冒顶片帮	2	5	2	5	16.70	8.35	2.50	3.34	1.47
其他伤害	1	1	0	0	0	—	1.00	—	0.74
火灾	2	0	2	0	19.25	9.63	—	—	1.47
合计（平均）	136	169	110	138	650.96	5.92	1.24	4.72	100

　　工程施工实际上是一个在时间轴上时间的推进、在空间上施工场地的限制下,经过施工人员专业技能的发挥及对建筑材料、机电设备的合理利用,建设成可以为生产和人民生活带来便利的工程建筑物。因此,施工过程的施工场地布置或管理研究是当边界条件发生变化时(时间的限制——进度,空间的限制——施工场地),对于另一方的影

响和所应作出的反应,以保证以较小的变动减少边界条件对施工过程的干扰。对于施工过程的系统分析如图 5-1 和图 5-2 所示。

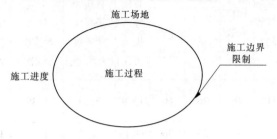

图 5-1   施工过程边界条件限制分析

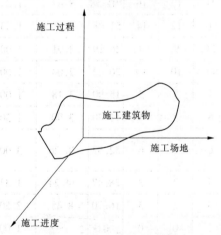

图 5-2   施工过程系统分析

5.2   施工场地 – 进度计划冲突分析方法

水利水电工程施工有场面宏大、参加人员多、机械设备多、材料用量大、标段划分多、施工单位多等特性,一个分部工程的施工需要许多部门的配合,因此当施工进度或施工场地发生变化时可能要引起一系列的连锁反应,在解决该类问题时,需要认清问题发生的本质,才可能从容应对所出现的问题,进而提出解决问题的办法,而基于施工场地 –

进度计划冲突辨识方法正是处理该类问题的一个方法。

水利水电施工场地冲突识别方法通常有空间冲突识别法(空间优先决定法、进度优先决定法、施工方法决定法)、数学优化模型法(遗传算法)、进度 – 空间混合识别法等多种方法。在本书中以施工场地的空间优先决定法进行施工场地冲突的识别,即如果在施工过程中因为其他因素的影响引起施工场地发生冲突,则以优先解决施工场地冲突问题为首要目的,其次考虑对进度的影响,必要时可以在有限的范围内对进度进行调整,以满足施工场地的需要,但不能影响总进度计划。

在施工过程中,施工场地冲突识别的内容有场地布置冲突(设施布置、办公用房的布置、材料堆放及加工区布置)、场内施工运输线路布置冲突、场地管理过程中的冲突(场地的多次利用、场地的优化配置等)。

引起施工场地冲突的主要因素一般有:

(1)设计冲突。因为设计的原因,造成了施工场地在施工过程中产生冲突。如在设计中,原位置有一廊道可以放置一些施工设备,但在施工到该位置时,设计图纸上没有反映该廊道的位置且可能为其他建筑物所占用,因此造成施工场地需要调整,以放置该施工设备。

(2)安全损害冲突。即该施工场地如果布置上施工设备或堆放建筑材料,可能会有安全问题,或会引起安全问题发生。

(3)危险性冲突。该施工场地所布置的施工设施会对其他施工操作造成危害,或本操作内部在工作时会引起危险事故的发生。

(4)场地拥挤程度冲突有轻微拥挤、中等程度拥挤、严重拥挤。这是针对施工过程的某一施工操作的合理场地范围,以确定该施工场地布置的紧密程度,如果布置达到了严重拥挤的程度,将不利于施工的顺利进行,甚至会影响正常的施工操作。

(5)没有影响。该施工场地布置合理,不会有场地布置问题引起其他问题的发生而影响施工的正常操作。一般这对于施工过程来讲是施工人员追求的理想状态或理想的施工场地布置。

以上所讲的施工场地布置冲突的类型,并非同时发生在一个工程施工操作中,但或多或少的有一种或几种类型出现。

由于讨论施工过程中的施工场地的冲突问题,就必然涉及施工进度。对于施工过程,施工场地是指在某一进度的时间段下所需占用的场地范围或将要占用的场地范围,因此施工场地与施工进度计划密切相关。

施工场地－进度计划冲突有以下特点:

(1)临时性。因为施工任务所要求的施工场地随进度而变化。在该时间段的场地冲突,到下一个时间段就可能消失或者变成没有影响,因此施工场地冲突随着进度计划有着临时性。

(2)冲突的多样性。如严重冲突、轻微冲突、安全损害等。施工场地随着进度计划的冲突呈现多样性,如果发生严重冲突,就需要进行场地布置的重新调整,或另外增加施工场地。如果是轻微冲突,且持续时间不长,则可以通过暂时的克服困难或其他途径临时解决。如果施工场地有安全损害发生的可能,则需要将计划延后或提前进行某一任务的施工,以避免安全损害的发生。

(3)在冲突的任务间存在多种类型的矛盾。在一进度计划的时间段下,可能有多项施工任务在同时进行,这些施工任务对施工场地有不同的要求,因此发生不同类型的施工场地冲突也就是必然的。

施工场地随进度计划的进行,所发生的冲突形成过程如图5-3所示。

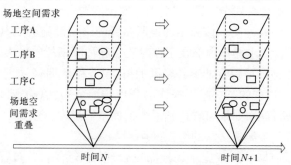

图5-3　施工场地－进度计划冲突形成

根据施工场地冲突的类型和特点,可以进行在施工过程中的施工场地冲突的识别。在一个进度计划指导下,某一时间段需要完成多项施工任务,这些施工任务对施工场地的需求空间,通常有六种,即:①建筑物本身的空间;②劳动力工空间;③设备空间;④损害空间;⑤保护空间;⑥临时结构空间。

每一种施工需求空间都有一个最小的定量指标,通过施工任务的分解,确定出每一个工序所需的施工空间,再确定出其最小的空间要求,就可以确定该任务的施工空间需要的占地面积和其他指标,通过施工场地分析,划定其位置,从而完成该施工任务的施工场地布置。具体面向施工过程的施工场地确定方式如图5-4所示。

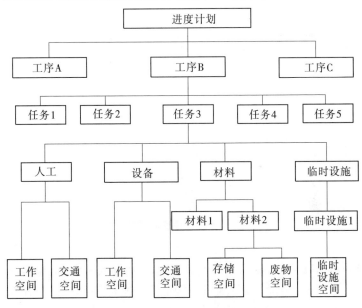

图5-4 施工工序场地空间需求分析

在确定施工场地空间冲突时,常用到以下一些分析冲突的定量指标和方法:

(1)冲突的空间面积,即在活动或工序间空间重叠的面积。通过该指标可以反映工序间绝对的场地空间冲突程度,以便在调整场地时有个度量。

(2)冲突空间的比率(Sp) = 冲突空间面积/原空间面积。该指标反映了相对场地空间的冲突程度,可以确定出对于某工序的影响程度,当同时有多个工序发生到冲突时,以便确定出受冲突最严重的工序。

（3）冲突持续时间，即重叠空间的持续时间。该指标反映了施工工序间对场地空间的占用时间，以便确定施工场地是否进行调整的幅度大小。

（4）冲突持续时间比率（Dp）＝冲突持续时间/原持续时间。通过该指标可以确定场地是否进行调整。

如图5-5所示，为利用上述定量指标和方法分析施工场地空间冲突的过程。

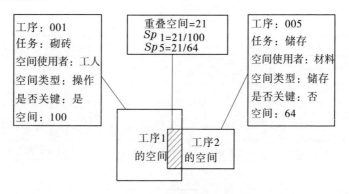

图5-5　施工场地空间冲突分析

场地冲突分析完成后，进行场地的调整，但是还涉及一个场地间的运输问题，如施工设备的运输要求、材料的运输要求、人员操作时流动的交通要求等。因此，需要通过一些定量指标的分析，确定出在施工场地上施工操作时交通运输对场地空间占用的定量指标，确定这些空间的定量指标为：

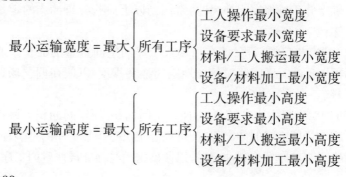

具体分析时,可以按以下步骤进行检查:

(1)从每个工作区域到施工场地的入口运输路线是否可行。

(2)从每个施工阶段的工作区域到施工场地的入口运输路线是否可行。

(3)相邻的工作区域到施工场地的入口运输路线是否有干扰。

通过以上分析,基本可以确定施工场地冲突的范围、冲突类型及持续时间,从而确定出施工场地冲突最严重的施工任务或施工阶段,并排出顺序,以便按照一定的冲突调整策略进行施工场地的调整。

5.3 施工场地 – 进度计划冲突解决的决策策略

水利水电工程施工场地布置冲突识别完成后,需要按照一定的策略和方法对冲突进行化解、协调以及必要的调整。

解决施工场地冲突通常有以下策略:

(1)调整施工空间的需求,包括空间位置的改变和空间的分割。即施工场地的重新布置或将原来是以整块出现的场地进行分解和分割为不同的场地,供施工需要,以解决场地冲突问题。这种分解和分割可有两种方式:其一,原场地划分为严格范围供不同工序使用,以免互相干扰;其二,在不同的位置以化整为零的方式,解决出现的场地冲突问题。

(2)施工进度计划的调整,包括开始时间的调整和工作时间的压缩,这可能使计划延误或加大施工强度,但为了解决空间冲突,适当的计划延误或施工强度的加大是许可的。但是,如果场地调整还有容量,应尽量避免对进度计划的调整。

(3)混合调整,同步调整进度计划和施工空间需求,甚至必要时改变施工方法以满足水利水电工程施工对场地空间的需求。对于一些施工场地有严格限制的施工任务可以采用这种方式。

施工场地空间冲突解决的一般流程如图 5-6 所示。

当考虑到施工的进度计划、资源的供应、施工场地需求等多方面因

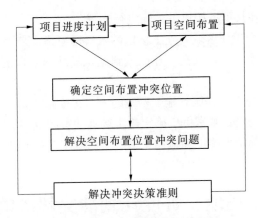

图 5-6   解决施工场地空间冲突流程

素时,其分析和解决施工场地空间冲突的一般流程如图 5-7 所示。

对于水利水电工程施工场地冲突的解决方法,由于解决施工场地冲突与施工进度计划密切相关,可以看做是两者的一个模糊博弈的过程,即为了解决施工场地的冲突问题,可以改变进度计划和改变施工场地。改变进度计划可以通过改变开工时间、完工时间,调整工序持续时间等准则来进行;改变施工场地可以通过施工场地位置的重新选定、场地的分割、场地的整合等准则来进行,两者分别采取什么准则以处理场地冲突问题,是个模糊博弈的过程。模糊博弈的原理如下:

设施工场地和施工进度各有一策略集 D_1 和 D_2,每次对局,各出一策略,双方的得失,由各自的赢得函数 $\psi_i(d_1,d_2)(i=1,2)$ 来决定。常取 $\psi_2 = -\psi_1$,一方之所赢等于对方之所失,也即零和博弈。

博弈者盘算对方可能会采取何种策略以决定自己的对策,最稳妥的方针是立足于最坏的情况去争取最好的结局。第 i 方 $(i=1,2)$ 按照

$$\max_{d_i \in D_i} \{ \min_{d_j \in D_j} \psi_i(d_1,d_2) \} \quad (i \neq j)$$

的原则选择自己的策略。

上式所代表的策略为保险策略。于是,若有 $d_1{}^* \in D_1$, $d_2{}^* \in D_2$,使

$$\psi_1(d_1{}^*,d_2{}^*) = \max_{d_1 \in D_1} \{ \min_{d_2 \in D_2} \psi_1(d_1,d_2) \}$$

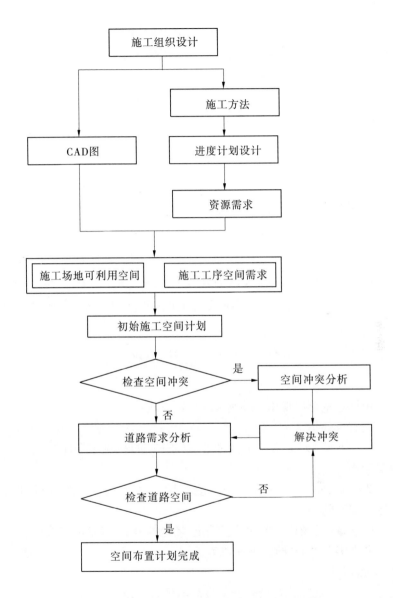

图 5-7   分析和解决施工场地空间冲突的一般流程

$$\psi_2(d_1^*, d_2^*) = \max_{d_2 \in D_2}\{\min_{d_1 \in D_1}\psi_2(d_1, d_2)\}$$

则称(d_1^*, d_2^*)为博弈双方在保险策略下的平衡解。

相对于保险策略,还有冒险策略,即

$$\max_{d_i \in D_i}\{\max_{d_j \in D_j}\psi_i(d_1, d_2)\}\ (i \neq j)$$

模糊博弈是将策略集或赢得函数模糊化。

当有模糊策略集时,设X_1、X_2是两个策略集合。施工场地和施工进度双方分别以它们的某个模糊子集$\underset{\sim}{D_1}$、$\underset{\sim}{D_2}$为自己的策略集合。双方各有普通的赢得函数$\psi_i(d_1, d_2)\ (i = 1, 2)$,都按冒险原则对弈。这时的平衡解是$X_1 * X_2$的一个模糊子集$\underset{\sim}{E}$,它具有隶属函数

$$\underset{\sim}{E}(d_1, d_2) = \min(\underset{\sim}{D_{1p_1}}(d_1, d_2), \underset{\sim}{D_{2p_2}}(d_1, d_2))$$

此处$\underset{\sim}{D_{1p_1}}(d_1, d_2)$是将$d_2$任意固定,把$\psi_1(., d_2)$看成是$d_1$的一元函数,在模糊限制$\underset{\sim}{D_1}$下所求得的模糊优越集。同理,$\underset{\sim}{D_{2p_2}}(d_1, d_2)$是$\psi_2(d_1, .)$在模糊限制$\underset{\sim}{D_2}$下的模糊优越集,$\underset{\sim}{E}$是平衡解的模糊形式。

若有(d_1^*, d_2^*),使

$$\underset{\sim}{E}(d_1^*, d_2^*) = \max_{\substack{d_1 \in \underset{\sim}{B_1}\\d_2 \in \underset{\sim}{B_2}}}\underset{\sim}{E}(d_1, d_2)$$

则称(d_1^*, d_2^*)是确定的平衡解。

由该理论可以推出多准则模糊决策方法:

设有事件集

$$A = \{a_1, a_2, \cdots, a_n\},\text{如}\ A = \{\text{施工进度},\text{施工场地}\}$$

设对策集合

$B = \{b_1, b_2, \cdots, b_m\}$,如$B_1 = \{$改变开工时间,改变完工时间,调整工序持续时间$\}$;

$B_2 = \{$施工场地位置的重新选定,场地的分割,场地的整合$\}$。

考虑多个不同准则,则准则集$J = \{j_1, j_2, \cdots, j_p\}$,对于每一准则$J_k$,有一对策矩阵

$$R^{(k)} = (r_{ij}^{(k)})\ (k = 1, 2, \cdots, p)$$

将各种准则综合起来,得到一个综合决策矩阵

$$R^\Sigma = (r_{ij}^\Sigma)$$

其中 $r_{ij}^{\Sigma} = f(r_{ij}^{(1)}, r_{ij}^{(2)}, \cdots, r_{ij}^{(p)})$，

而函数 $f(x_1, x_2, \cdots, x_p)$ 可根据具体情况加以选择。如

$$f(x_1, x_2, \cdots, x_p) = x_1 \wedge x_2 \wedge \cdots \wedge x_p$$

或者

$$f(x_1, x_2, \cdots, x_p) = m_1 x_1 + m_2 x_2 + \cdots + m_p x_p$$

其中，$(m_1, m_2, \cdots, m_p)$ 是对各种准则权数的分配，但满足

$$0 \leqslant m_k \leqslant 1, \sum_{k=1}^{p} m_k = 1$$

则最佳综合决策为：对于给定的事件 a_i，若有 $j_0 \leqslant m$，使

$$r_{ij0}^{\Sigma} = \max_{1 \leqslant j \leqslant m} r_{ij}^{\Sigma}$$

则称 b_0 为对于 a_i 的最佳决策。

通过多准则模糊决策方法可以得出解决施工场地冲突的最佳决策，以解决施工场地冲突问题。

第6章 施工场地布置的半结构性多目标模糊决策方法研究

6.1 半结构性多目标模糊决策方法的基本概念和理论

设系统有 n 个待优选的对象组成备择对象集,有 m 个评价因素组成系统的评价指标集,每个评价指标对每一备择对象的评判用指标特征量表示,则系统有 $n \times m$ 阶指标特征量矩阵:

$$X_{m \times n} = \begin{bmatrix} x_{11} & x_{12} & \cdots & x_{1n} \\ x_{21} & x_{22} & \cdots & x_{2n} \\ \vdots & \vdots & & \vdots \\ x_{m1} & x_{m2} & \cdots & x_{mn} \end{bmatrix} = (x_{ij}) \quad i = 1,2,\cdots,m; j = 1,2,\cdots,n$$

(6-1)

式中: x_{ij} 为第 j 个备择对象的第 i 个评价因素的指标特征量。

一般情况下,它具有两种类型:越大越优型,越小越优型。优化的任务在于根据指标特征量矩阵选择出最优对象或对象的最优排序。事实上,优与次(或劣)这一对立的概念之间不存在绝对分明的界限,这是优化的模糊性;优化是依据指标特征量在备择对象集中进行,优与次是相对于备择对象集中的元素间的比较而言,这是优化的相对性。

通过适当的方法,可将指标特征量矩阵(6-1)转变为指标隶属度矩阵(6-2):

$$R_{m \times n} = \begin{bmatrix} r_{11} & r_{12} & \cdots & r_{1n} \\ r_{21} & r_{22} & \cdots & r_{2n} \\ \vdots & \vdots & & \vdots \\ r_{m1} & r_{m2} & \cdots & r_{mn} \end{bmatrix} = (r_{ij}) \quad i = 1,2,\cdots,m; j = 1,2,\cdots,n$$

(6-2)

指标隶属度矩阵计算方法如下：

不失一般性，指标特征量矩阵(6-1)多由定性目标和定量目标组成，设半结构性多目标决策系统中定性目标有 m_1 个，定量目标有 m_2 个，$m_1 + m_2 = m$，$i_1 = 1,2,\cdots,m_1$，$i_2 = 1,2,\cdots,m_2$。

对于定性目标的相对隶属度矩阵 R_1：

$$R_1 = \begin{bmatrix} {}_1r_{11} & {}_1r_{12} & \cdots & {}_1r_{1n} \\ {}_1r_{21} & {}_1r_{22} & \cdots & {}_1r_{2n} \\ \vdots & \vdots & & \vdots \\ {}_1r_{m_11} & {}_1r_{m_12} & \cdots & {}_1r_{m_1n} \end{bmatrix} = \left({}_1r_{i_ij}\right) \quad i_1 = 1,2,\cdots,m_1; j = 1,2,\cdots,n$$

$$(6\text{-}3)$$

对于定量目标的相对隶属度矩阵 R_2：

$$R_2 = \begin{bmatrix} {}_2r_{11} & {}_2r_{12} & \cdots & {}_2r_{1n} \\ {}_2r_{21} & {}_2r_{22} & \cdots & {}_2r_{2n} \\ \vdots & \vdots & & \vdots \\ {}_2r_{m_21} & {}_2r_{m_22} & \cdots & {}_2r_{m_2n} \end{bmatrix} = \left({}_2r_{i_2j}\right) \quad i_2 = 1,2,\cdots,m_2; j = 1,2,\cdots,n$$

$$(6\text{-}4)$$

则半结构性多目标决策系统在目标相对隶属度统一的计算公式条件下，其目标相对隶属度矩阵 R 可综合为：

$$R_{m \times n} = \begin{bmatrix} {}_1r_{11} & {}_1r_{12} & \cdots & {}_1r_{1n} \\ {}_1r_{21} & {}_1r_{22} & \cdots & {}_1r_{2n} \\ \vdots & \vdots & & \vdots \\ {}_1r_{m_11} & {}_1r_{m_12} & \cdots & {}_1r_{m_1n} \\ {}_2r_{11} & {}_2r_{12} & \cdots & {}_2r_{1n} \\ {}_2r_{21} & {}_2r_{22} & \cdots & {}_2r_{2n} \\ \vdots & \vdots & & \vdots \\ {}_2r_{m_21} & {}_2r_{m_22} & \cdots & {}_2r_{m_2n} \end{bmatrix} = \begin{bmatrix} r_{11} & r_{12} & \cdots & r_{1n} \\ r_{21} & r_{22} & \cdots & r_{2n} \\ \vdots & \vdots & & \vdots \\ r_{m1} & r_{m2} & \cdots & r_{mn} \end{bmatrix} = \left(r_{ij}\right)$$

$$i = 1,2,\cdots,m; j = 1,2,\cdots,n; m = m_1 + m_2 \quad (6\text{-}5)$$

现在给出定量目标和定型目标具有相对的统一计算标准的相对隶

属度计算公式：

对于定性目标：

$$_ir_j = \frac{1 - {}_i\mu_{1j}}{{}_i\mu_{1j}} \quad 0.5 \leqslant {}_i\mu_{1j} \leqslant 1; j = 1,2,\cdots,n \quad (6\text{-}6)$$

当 $j = 1$，由于决策 1 与自身比较同样优越，故 ${}_i\mu_{1j} = 0.5$，相应地相对隶属度 ${}_ir_1 = 1$。

若决策 1 比排序为 n 的决策具有无可比拟的优越性，则 ${}_i\mu_{1j} = 1$，相应地由式(6-6)可计算出相对隶属度 ${}_ir_n = 0$。因此，只要给出决策集就目标 I 而言优越性的有序二元比较矩阵的第一行元素值 ${}_i\mu_{12}$，${}_i\mu_{13},\cdots,{}_i\mu_{1n}$，就可由式(6-6)确定决策集就定性目标 I 而言的相对隶属度向量。

为了在二元定量对比中更易于按照中国的语言习惯给出相对隶属度，可以建立语气算子与模糊标度($_i\mu_{1j}$)，式(6-6)表示的相对隶属度之间的对应关系如表 6-1 所示。

用语气算子判断给出 ${}_i\mu_{1j}$，可由表 6-1 得到就目标 I 而言的相对隶属度向量 $_ir = (\,_ir_1,\,_ir_2,\cdots,\,_ir_n)$。

在实际应用中，可以省略目标重要的定性排序，只要确定最重要的目标，然后按照表 6-1 中 10 个级差的语气算子与其他目标逐一地进行重要性的二元比较，可由表 6-1 简捷地得到目标对重要性的相对隶属度即非归一化目标权重 $\omega_{(I)}$，归一化后得到目标权向量。

表 6-1　语气算子与模糊标度、相对隶属度之间的关系

语气算子	同样	稍稍	略微	较为	明显	显著	十分	非常	极其	极端	无可比拟
模糊标度值	0.50	0.55	0.60	0.65	0.70	0.75	0.80	0.85	0.90	0.95	1
相对隶属度	1	0.818	0.667	0.538	0.429	0.333	0.25	0.176	0.111	0.053	0

对于定量目标：

设 n 个决策的定量目标 I 的特征值为 x_{ij}。

对于越大越优的定量目标，n 个决策关于目标 I 对优的排序，就是

目标 I 的特征值 x_{ij} 由大到小的排序。若 x_{ij} 从大到小的有序排列序号为 $j=1,2,\cdots,n$，应有

$$\max_j x_{ij} = x_{i1} > x_{i2} > \cdots > x_{in} \tag{6-7}$$

为了与计算定性目标相对隶属度具有统一的计算标准，可以设想将定量目标当做定性目标，显然，对于定量目标 I 而言，一个合理的构造可以是

$$_i\mu_{12} = \frac{x_{i1}}{x_{i1}+x_{i2}},\ _i\mu_{13} = \frac{x_{i1}}{x_{i1}+x_{i3}},\cdots,\ _i\mu_{1n} = \frac{x_{i1}}{x_{i1}+x_{in}} \tag{6-8}$$

根据式(6-7)，满足

$$0.5 < \ _i\mu_{12} < \ _i\mu_{13} < \cdots < \ _i\mu_{1n} \tag{6-9}$$

将式(6-8)代入式(6-6)得：

$$r = \left(\frac{x_{i1}}{x_{i1}}, \frac{x_{i2}}{x_{i1}}, \cdots, \frac{x_{in}}{x_{i1}} \right) \tag{6-10}$$

式(6-10)等同于下式：

$$r_{ij} = \frac{x_{ij}}{\max_j x_{ij}} \tag{6-11}$$

对于越小越优的定量目标，就目标 I 而言，n 个决策对于优的排序就是目标 I 的特征值 x_{ij} 由小到大的排序。若 x_{ij} 从大到小的有序排列序号为 $j=1,2,\cdots,n$，应有

$$\min_j x_{ij} = x_{i1} < x_{i2} < \cdots < x_{in} \tag{6-12}$$

显然，对于定量目标 I 而言，合理的构造可以是

$$_i\mu_{12} = \frac{x_{i2}}{x_{i1}+x_{i2}},\ _i\mu_{13} = \frac{x_{i3}}{x_{i1}+x_{i3}},\cdots,\ _i\mu_{1n} = \frac{x_{in}}{x_{i1}+x_{in}} \tag{6-13}$$

根据式(6-12)，满足

$$0.5 < \ _i\mu_{12} < \ _i\mu_{13} < \cdots < \ _i\mu_{1n} \tag{6-14}$$

将式(6-13)代入式(6-6)得：

$$r = \left(\frac{x_{i1}}{x_{i1}}, \frac{x_{i1}}{x_{i2}}, \cdots, \frac{x_{i1}}{x_{in}} \right) \tag{6-15}$$

式(6-15)等同于下式：

$$r_{ij} = \frac{\min\limits_{j} x_{ij}}{x_{ij}} \qquad (6\text{-}16)$$

由以上可知,定量目标相对隶属度式(6-11)、式(6-16)与定性目标相对隶属度式(6-6)具有统一计算标准。因而,将定性目标与定量目标相对隶属度矩阵式(6-3)、式(6-4)合成为半结构性决策目标相对隶属度矩阵式(6-5),具有统一的计算标准。

定义1:设系统有指标隶属度矩阵式(6-2),若

$$G = (g_1, g_2, \cdots, g_m)^T$$

$$= (r_{11} \lor r_{12} \lor \cdots \lor r_{1n}, r_{21} \lor r_{22} \lor \cdots \lor r_{2n}, \cdots, r_{m1} \lor r_{m2} \lor \cdots \lor r_{mn})^T$$

$$(6\text{-}17)$$

称为系统的优向量。

若

$$B = (b_1, b_2, \cdots, b_m)^T$$

$$= (r_{11} \land r_{12} \land \cdots \land r_{1n}, r_{21} \land r_{22} \land \cdots \land r_{2n}, \cdots, r_{m1} \land r_{m2} \land \cdots \land r_{mn})^T$$

$$(6\text{-}18)$$

称为系统的次向量。

式(6-17)、式(6-18)中,$\lor$、$\land$ 为取大、取小运算符。

定义2:设系统有优向量和次向量,若备择对象 j 以隶属度 μ_j 从属于优向量,则其向量表达式为

$$\mu = (\mu_1, \mu_2, \cdots, \mu_n) \qquad (6\text{-}19)$$

称为对象优属度。同时,备择对象 j 又以 μ_j 的余集 μ_j^c 从属于次向量,则 μ_j 的余集

$$\mu_j^c = (\mu_1^c, \mu_2^c, \cdots, \mu_m^c) \qquad (6\text{-}20)$$

称为对象次属度。

定义3:设系统有优向量和次向量与评价因素的权向量:

$$W = (w_1, w_2, \cdots, w_m)^T \qquad (6\text{-}21)$$

并记

$$R_j = (r_{1j}, r_{2j}, \cdots, r_{mj})^T \qquad (6\text{-}22)$$

若

$$d(R_j, G) = \left[\sum_{i=1}^{m} (w_i \mid r_{ij} - g_i \mid)^p \right]^{\frac{1}{p}} \qquad (6\text{-}23)$$

$$d(R_j,B) = \left[\sum_{i=1}^{m} (w_i \mid r_{ij} - b_i \mid)^p \right]^{\frac{1}{p}} \quad (6\text{-}24)$$

则称 $d(R_j,G)$、$d(R_j,B)$ 分别为备择对象 j 与优向量、次向量的距离或差异程度,简称为优异度与次异度,式中 p 为广义距离参数。

定义4:设系统有备择对象 j 的优异度与次异度,则称

$$D(R_j,G) = \mu_j d(R_j,G) \quad (6\text{-}25)$$

$$D(R_j,B) = \mu_j^c d(R_j,B) \quad (6\text{-}26)$$

分别为备择对象 j 的权优异度与权次异度。

定义4的意义是,由于备择对象 j 与优向量、次向量的距离或差异为 $d(R_j,G)$、$d(R_j,B)$,而备择对象 j 又以隶属度 μ_j、μ_j^c 从属于优向量、次向量,隶属度作为权重,故有权优异度与权次异度概念,其几何意义则为权距离。

模糊优化的目的在于求出向量 μ_j 的最优解,为此,将经典数学中的最小二乘法准则——距离平方和最小,扩展为权距离平方和最小准则。应用权距离平方和最小及定义2,目标函数为:全体备择对象的权优异度平方与权次异度平方之总和为最小:

$$\min[F(\mu_j)] = \sum_{j=1}^{n} \left[D(R_j,G)^2 + D(R_j,B)^2 \right]$$

$$= \sum_{j=1}^{n} \left[(\mu_j d(R_j,G))^2 + (\mu_j^c d(R_j,B))^2 \right] \quad (6\text{-}27)$$

求解

$$\frac{\mathrm{d}F(\mu_j)}{\mathrm{d}(\mu_j)} = 0$$

则得优属度向量最优解的模型为:

$$\mu_j = \cfrac{1}{1 + \left[\cfrac{d(R_j,G)}{d(R_j,B)} \right]^2}$$

$$= \cfrac{1}{1 + \left[\cfrac{\sum\limits_{i=1}^{m} (w_i \mid r_{ij} - g_i \mid)^p}{\sum\limits_{i=1}^{m} (w_i \mid r_{ij} - b_i \mid)^p} \right]^{\frac{2}{p}}} \quad (j = 1,2,\cdots,n) \quad (6\text{-}28)$$

式(6-28)称为系统模糊优化理论模型。用式(6-28)计算系统中每个备择对象从属于优向量的隶属度,即对象优属度,由 n 个备择对象的优属度,根据隶属度最大原则,可解系统最优对象与对象的最优排序。

令式(6-28)中的距离参数 $p = 1$,即相当于取海明距离,于是模型式(6-28)变为:

$$\mu_j = \cfrac{1}{1 + \left[\cfrac{\sum\limits_{i=1}^{m}(w_i \mid r_{ij} - g_i \mid)}{\sum\limits_{i=1}^{m}(w_i \mid r_{ij} - b_i \mid)}\right]^2} = \cfrac{1}{1 + \left[\cfrac{V_j - a}{V_j - c}\right]^2} \qquad (6\text{-}29)$$

式中: $V_j = \sum\limits_{i=1}^{m} w_i r_{ij}$,即为模糊综合加权平均模型的综合评判值(向量值); $a = \sum\limits_{i=1}^{m} w_i g_i$,称为优向量参数; $c = \sum\limits_{i=1}^{m} w_i b_i$,称为次向量参数。

经过证明,式(6-28)中当取用海明距离,即距离参数 $p = 1$ 时,得到的模型式(6-29)在理论上优于现行应用比较广泛的单层和多层模糊综合评价模型,而 $p = 1$ 是多目标半结构模糊优化理论模型式(6-28)的一个特例。经过计算比较,在实际应用中,多目标半结构模糊优化理论模型式(6-28)中的距离参数 $p = 1$ 的海明距离,与 $p = 2$ 的欧氏距离,计算所得的结论通常是一致的。因此,取用海明距离更为简便,而且它克服了目前单层和多层模糊综合评价模型中评判值趋于平均化的不足,特别是在多层次综合评判中,克服了不易产生合理评判结果的困难。

6.1.1　评价指标权值的确定方法

目前,关于权值的确定方法有数十种之多,根据计算权值时原始数据的不同来源,这些方法大致可以分为两类:一类是主观赋权法,另一类是客观赋权法。主观赋权法的原始数据主要由专家根据经验主观判断而得,如古林法、AHP 法、专家调查法等;客观赋权法的原始数据由各指标在被评价矩阵中的实际数据形成,如均方差法、主成分分析法、离差最大化法、熵值法、代表计数法、组合赋权法等。这两类方法各有优缺点:主观赋权法客观性较差,但是解释性强;客观赋权法确定的权值在大多数情况下精度较高,但是有时会与实际情况相悖,而且解释性比较差,对于所得结果难以给出明确的解释。

目前,对于主观赋权法的研究比较成熟,这些方法的共同特点是:各评价指标的权重是由专家根据自己的经验和对实际的判断主观给出的。选取的专家不同,得出的权值也就不同。这些方法的主要缺点是主观随意性较大,为了克服这一缺陷,人们采取了多种办法,如增加专家数量、仔细选取专家等,但主观随意性较大仍是主观赋权法的主要不足之处。该方法的优点是专家可以根据实际情况,合理确定各指标权值之间的排序,也就是说尽管主观赋权法不能准确地确定各指标的权值,但它可以有效的确定各指标按重要程度给定的权值的先后顺序,不至于出现指标系数与指标实际重要程度相悖的情况,而这种情况在客观赋权法中则可能出现。

为了克服主观赋权法的不足,人们研究了客观赋权法。客观赋权法的原始数据来自于评价矩阵的实际数据,切断了权系数主观性的来源,使得系数具有绝对的客观性。其基本原理为:若指标 G_j 对所有的决策方案而言均无差异,则 G_j 指标对方案决策和排序将不起作用,这样的评价指标可令其权系数为 0;若指标 G_j 对所有决策方案的属性值有较大差异,这样的评价指标对方案的决策与排序将起重要作用,应给予较大的权系数。即各指标的权系数的大小应根据该指标下各方案属性值差异的大小来确定,差异越大,该指标权系数越大,反之愈小。这类方法的突出优点是权系数的客观性强,但也存在一个不可避免的缺点,就是确定的权系数有时与实际相悖。从理论上讲,这种可能性是存在的,因为在多指标多方案的决策过程中,最重要的指标不一定使所有决策方案的属性值具有较大的差异,而最不重要的指标却有可能使所有决策方案的属性值具有较大的差异,这样依照上述原理确定的权系数,最不重要的指标可能具有最大的权系数,而最重要的指标却不一定具有最大的权系数。

由此可见,主观赋权法在根据指标本身的含义确定权系数方面具有优势,客观赋权法在不考虑指标实际含义的情况下,确定权系数具有优势。在实际使用中,若仅仅根据主观赋权法、客观赋权法得到的数值进行组合赋权时,忽视了两种权系数的本质差别,得出的权系数的合理性是难以具有说服力的。

因此,许多研究人员从各种角度研究了组合主观赋权法、客观赋权法的综合权值确定方法,如利用基点计算权重法、权重综合分析法、客观性指标权重确定方法、综合权重确定法、权重未知的确定方法等,在本书研究中,根据水利水电工程施工场地布置方案选择的特性,认为AHP法、专家调查法与神经网络相结合的综合定权法及权重综合分析法是两种较好的权值确定方法,也即可以很好地解决本研究中所遇到的问题。

AHP法、专家调查法与神经网络相结合的综合定权法的计算步骤如下:

首先,需要进行原始数据的归一化工作,利用 S 性传递函数($Y_{ij} = \dfrac{1 - e^{-M_{ij}}}{1 + e^{-M_{ij}}}$)来完成。此函数是非线性递增函数,当 M_{ij} 趋于 0 时,Y_{ij} 的导数 $d_{ij} = f'(M_{ij})$ 趋于 0,函数曲线越来越陡;当 M_{ij} 趋于 ∞ 时,Y_{ij} 的导数 $d_{ij} = f'(M_{ij})$ 趋于 0,$Y_{ij} = f(M_{ij})$ 趋于 ± 1,函数曲线越来越平缓;如此归一化处理,一方面可以防止某一指标过大时左右整个综合指标,另一方面当原始值小于平均值时,其效用函数为负,体现"奖优罚劣"的原则。

其次,利用 AHP 法和专家调查法分别得出两套权重的重要排序结果,比较两套结果是否一致,若一致则可利用得到的一致权重重要程度排序结果作为检验神经网络所得权重结果重要程度排序的标准,若不一致,则需要重新调整上述两种方法直到一致为止,这样便可以在很大程度上提高主观赋权法重要程度排序的准确性。

最后,用神经网络方法训练权重。神经网络原理在第 3 章中曾进行了论述,在此不进行重新论述。比较利用 BP 神经网络训练,检验后得出的结果与使用 AHP 法和专家调查法定性分析得出的重要等级排序是否一致。如果一致,则说明 BP 神经网络在训练过程中没有陷入误差面中的局部最小点,达到了真正的最小点,得出的结果可以信赖。如果不一致,则说明 BP 神经网络在训练过程中陷入误差面中的局部最小点,没有达到真正的最小点,这就需要重新选择初始权重、训练数据、增加隐层神经元数、改用动量算法等措施来重新训练、检验网络,得出新的权重值,直到与使用 AHP 法和专家调查法定性分析得出的重要等级排序一致为止。

使用 BP 神经网络所得的权重值计算出的评价结果虽然准确度很高,但解释性极差,因此必须同时运用 AHP 法和专家调查法增强评价结果的解释性。

综合权重的分析方法介绍如下:

设主观权重

$$\alpha = (\alpha_1, \alpha_2, \cdots, \alpha_m)^{\mathrm{T}}$$

其中,$\sum_{i=1}^{m}\alpha_i = 1$,$\alpha_i \geqslant 0$,$i = 1, 2, \cdots, m$。

客观权重

$$\beta = (\beta_1, \beta_2, \cdots, \beta_m)^{\mathrm{T}}$$

其中,$\sum_{i=1}^{m}\beta_i = 1$,$\beta_i \geqslant 0$,$i = 1, 2, \cdots, m$。

综合权重

$$\omega = (\omega_1, \omega_2, \cdots, \omega_m)$$

其中,$\sum_{i=1}^{m}\omega_i = 1$,$\omega_i \geqslant 0$,$i = 1, 2, \cdots, m$。

则综合加权评价值

$$f_i = \sum_{i=1}^{m} \omega_i r_{ij} \quad j = 1, 2, \cdots, n$$

为了兼顾主、客观偏好(对主观赋权法和客观赋权法的偏好),由充分利用主观赋权法和客观赋权法各自带来的信息,达到主、客观的统一,建立如下决策模型:

$$\min[F(\omega)] = \sum_{i=1}^{m}\sum_{j=1}^{n}\{\mu[(\omega_i - \alpha_i)r_{ij}]^2 + (1 - \mu)[(\omega_i - \beta_i)r_{ij}]^2\}$$

$$(6\text{-}30)$$

使

$$\begin{cases} \sum_{i=1}^{m}\omega_i = 1 \\ \omega_i \geqslant 0 \end{cases} \quad i = 1, 2, \cdots, m$$

其中,$0 < \mu < 1$ 为偏好系数,它反映评价者对主观权和客观权的偏好程度。

定理:若 $\sum\limits_{j=1}^{n} r_{ij}^2 > 0$ ($i = 1, 2, \cdots, m$),则决策模型(6-30)有唯一解,其解为:

$$W = \{\mu\alpha_1 + (1 - \mu)\beta_1, \mu\alpha_2 + (1 - \mu)\beta_2, \cdots, \mu\alpha_m + (1 - \mu)\beta_m\}$$

6.1.2 权值灵敏度分析

相对优属度矩阵 $R = (r_{ij})_{m \times n} (0 \leqslant r_{ij} \leqslant 1)$,对不同的指标有不同的权重,设权重向量为 $\omega = (\omega_1, \omega_2, \cdots, \omega_m)^T$,则模糊决策模型为

$$\mu_j = \frac{1}{1 + [(I_j)^{-1} - 1]^2} \tag{6-31}$$

式中,$I_j = \sum\limits_{i=1}^{m} \omega_i r_{ij}, j = 1, 2, \cdots, n$。

对式(6-31)求微分得

$$\Delta\mu_j = \frac{2I_j(1 - I_j)}{[I_j^2 + (1 - I_j)^2]^2}\Delta I_j \tag{6-32}$$

由于 $\Delta I_j = \sum\limits_{i=1}^{m} r_{ij}\Delta\omega_i$,代入式(6-32)得

$$\Delta\mu_j = \sum\limits_{i=1}^{m} \frac{2I_j(1 - I_j)}{[I_j^2 + (1 - I_j)^2]^2}r_{ij}\Delta\omega_i$$

此式可简写为

$$\Delta\mu_j = \sum\limits_{i=1}^{m} \alpha_{ij}\Delta\omega_i \tag{6-33}$$

式中,系数 $\alpha_{ij} = \frac{2I_j(1 - I_j)}{[I_j^2 + (1 - I_j)^2]^2}r_{ij}, j = 1, 2, \cdots, n$。

系数 α_{ij} 构成一个矩阵 $A = (\alpha_{ij})_{m \times n}$,成为权扰动转移矩阵,故将式(6-33)称为权扰动转移方程。

若存在非零向量 $\Delta\omega$,使 $\Delta\mu = 0$,则称这种扰动为无效应权扰动。利用扰动转移方程,可得到无效应权扰动的稳定条件为:

$$\begin{cases} A\Delta\omega = 0 \\ \mathrm{e}^t\Delta\omega = 0 \\ 0 \leqslant \omega + \Delta\omega \leqslant \mathrm{e} \end{cases} \qquad (6\text{-}34)$$

式中,第二个条件是由权系数条件 $\sum\limits_{i=1}^{m}\omega_i = 1$ 求微分而得到的,第三个条件是由权系数的概念而得。式(6-34)也可由分量表示为:

$$\begin{cases} \sum\limits_{i=1}^{m}\alpha_{ij}\Delta\omega_i = 0 \\ \sum\limits_{i=1}^{m}\Delta\omega_i = 0 \\ 0 \leqslant \omega_i + \Delta\omega_i \leqslant 1 \end{cases}$$

其中,$j = 1,2,\cdots,n$, $i = 1,2,\cdots,m$。

由该模型可以得到如下求解无效应权扰动量 $\Delta\omega$ 的方法:

第一步,求解齐次线性方程组

$$\begin{cases} \sum\limits_{i=1}^{m}\alpha_{ij}\Delta\omega_i = 0 \\ \sum\limits_{i=1}^{m}\Delta\omega_i = 0 \\ j = 1,2,\cdots,n \end{cases}$$

第二步,将第一步求得的解 $\Delta\omega$ 利用罚约条件 $-\omega_i \leqslant \Delta\omega_i \leqslant 1 - \omega_i$, $i = 1,2,\cdots,m$,按比例压缩。方法是适当选取实数 λ,使得 $-\omega_i \leqslant \lambda\Delta\omega_i \leqslant 1 - \omega_i$。

第三步,得到无效应权扰动向量 $\Delta\omega' = \lambda\Delta\omega$。在这里实数 λ 的确定可由下式计算:

$$\lambda = \min_i\left(\frac{-\omega_i}{\min\limits_k\Delta\omega_k}, \frac{1-\omega_i}{\max\limits_k\Delta\omega_k}\right) \qquad (6\text{-}35)$$

6.2   施工场地布置决策模型的建立

水利水电工程施工场地布置因素多、设施数量大、涉及不同的行业,因此场地布置方案决策模型首先需要对场地布置系统进行明晰的层次划分,然后建立起各层次评价指标体系,最后利用前述模型进行计算,选定决策方案。通常水利水电工程施工场地布置系统层次划分如图 2-5 所示。在层次划分清晰的情况下,建立评价指标体系,通常的评价指标多从技术、经济、施工环境、社会等方面考虑,然后进行细分。水利水电工程施工场地布置评价指标体系见图 6-1。

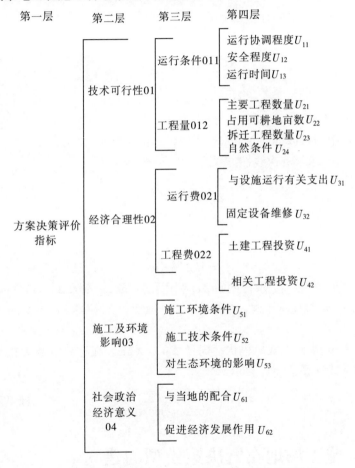

第一层　　　第二层　　　第三层　　　第四层

图 6-1　水利水电工程施工场地布置评价指标体系

各层次的评价指标体系及所赋权重需要结合施工设施情况分别进行确定,尤其是最下层的指标的确定,它关系到最终的评价结果,是原始数据,需要给予足够的重视。通常定量指标比较容易确定,定性指标由于其模糊性、随机性较强,在确定时需要有一定的技巧,通过一定的科学方法选取。

水利水电工程施工场地布置由于涉及的方面多、影响大、决策问题复杂,再加上所需资料难于收集,因此方案决策评价指标中有大量的指标无法进行定量化,多运用定性指标进行评价,而且定性指标在评价指标中占有重要的地位,但是,定性评价过程包含有许多不确定性、随机性和模糊性,因此合理、科学地选择定性指标需要进行深入细致的分析。

定性指标的选取一般存在以下几个方面的问题:

(1)评价指标的选取问题。在进行决策时,往往指标的设计者片面追求指标体系的全面性,企图使指标体系包含所有的因素,其结果却使得由于评价指标过多,一方面引起评价者判断上的错觉和混乱,另一方面导致其他指标的权重减小,造成评价结果失真,这需要对评价指标体系进行合理的筛选。

(2)评价指标和指标体系的有效性问题。对同一评价目标可以从不同的角度设计出不同的指标体系,究竟采用哪一种指标体系使得评价效果会更好一些,研究者往往根据经验来进行选择,缺乏科学性和严密性,对同一评价指标体系中部分指标是否可以采用其他指标来代替,替换后两套评价指标体系孰优孰劣? 两者所得评价结果的有效性孰高孰低? 经常难以定量判断。

(3)评价指标体系的可靠性问题。对同一评价指标体系由于评价专家对评价指标的理解不同,会导致采用同一评价指标体系评价同一目标,其评价结果相差较大,即指标缺乏稳定性和可靠性。

由于以上存在的问题需要合理地解决,否则会由于评价指标体系的设置不合理,导致很好的评价方法计算结果失真,评价结果自相矛盾。

定性指标的选取方法包括三个方面,即:评价指标体系的筛选,评价指标体系的有效性检验,指标体系的稳定性和可靠性判断。

(1)评价指标体系的筛选。

一般在实际中,人们往往认为评价指标越多越好,其实关键在于评价指标在评价中能否反映评价问题的本质,通常的原则是以尽量少的主要的评价指标运用于实际评价。要分清主次,合理地组成评价指标集。具体的指标筛选可采用权数判断法。

设评价指标体系 $F = \{f_1, f_2, \cdots, f_n\}$,综合考虑每一指标的重要性后,确定各指标的权数(具体方法可采用 AHP 法或熵法等)。

设权数集为 $\lambda = \{\lambda_1, \lambda_2, \cdots, \lambda_n\}$,其中 $\lambda_i \in [0,1]$($i = 1, 2, \cdots, n$)。

设取舍权数为 λ_k,$\lambda_k \in [0,1]$。当 $\lambda_i \leqslant \lambda_k$ 时,则筛选掉指标 f_i;当 $\lambda_i > \lambda_k$ 时,则保留该指标 f_i。

Saaty 认为,大多数人对不同事物在相同属性上差别的分辨能力为 5~9 级,他建议某一准则下的指标数量不宜超过 9 个。据此可以认为取舍权数 λ_k 取 0.1 较合适,当 $\lambda_k \leqslant 0.1$ 时,可以认为该指标影响较小,不足以考虑。当然,为了简化问题,对指标的取舍权数 λ_k 取大,或者根据问题的需要取小一些,都是可行的。

(2)评价指标体系的有效性检验。

设评价指标体系 $F = \{f_1, f_2, \cdots, f_n\}$,参加评价的专家人数为 S,专家 j 对评价目标的评分集为 $X_j = \{x_{1j}, x_{2j}, \cdots, x_{nj}\}$,定义指标 f_i 的效度系数为 β_i,即

$$\beta_i = \sum_{j=1}^{s} |\bar{x}_i - x_{ij}| / S * M$$

式中:$\bar{x}$ 是评价指标 f_i 的评分的平均值,$\bar{x}_i = \sum_{j=1}^{s} x_{ij} / S$;$M$ 为指标 f_i 的评语集中评分最优值。

定义评价指标体系 F 的效度系数

$$\beta = \sum_{i=1}^{n} \beta_i / n$$

效度系数指标的统计学含义在于它提供了衡量人们用某一评价指标评价目标时产生认识的偏离程度,该指标绝对值越小,表明专家采用

该评价指标评价目标时对该问题认识越趋向一致,该评价指标体系或指标的有效性就越高,反之亦然。

(3)指标体系的稳定性和可靠性判断。

假设存在一组评价数据可以完全、真实地反映评价目标的本质,如果采用设计的指标体系得出的评价数据与该组数据越"相似",则可以认为该评价指标体系得出的评价数据越接近于反映评价目标的本质,该评价指标体系的稳定性和可靠性就高一些,基于此思想,采用数理统计学中相关系数作为评价指标体系的可靠性系数,反映评价指标体系的可靠性和稳定性。

依据以上假设,计算出专家组评分的平均数据组

$$Y = \{y_1, y_2, \cdots, y_n\}$$

其中

$$y_i = \sum_{j=1}^{s} x_{ij}/S$$

评价指标体系可靠性系数

$$\rho = \sum_{j=1}^{s} \rho_j/S$$

其中

$$\rho_j = \sum_{i=1}^{n} (x_{ij} - \bar{x}_j)(y_i - \bar{y}) / \sqrt{\sum_{i=1}^{n} (x_{ij} - \bar{x}_j)^2 \sum_{i=1}^{n} (y_i - \bar{y})^2} \quad j = 1, 2, \cdots, s$$

$$\bar{x}_j = \sum_{i=1}^{n} x_{ij}/n$$

$$\bar{y} = \sum_{i=1}^{n} y_i/n$$

以上公式的统计学含义是以评价指标 f_i 的 s 次评价结果的平均值作为理想值,计算 s 次评价数据与其平均值的差异程度,可以反映出采用同一评价指标体系 s 次评价数据的差异性。如果 ρ 越大,表明采用该评价指标体系评价出的评价数据的差异性小一些;如果 ρ 越小,表明各专家对同一评价目标的评价分歧较大,不适宜采用该评价指标体系。可靠性系数是对评价指标体系评价结果的可靠性和稳定性的分析。

一般而言,当$\rho \in (0.90, 0.95)$时,可认为该评价指标体系的可靠性较高;当$\rho \in (0.80, 0.90)$时,则可认为该评价指标体系的可靠性一般;当$\rho \in (0, 0.80)$时,则可认为该评价指标体系的可靠性较差。

评价矩阵中,定性指标的选取通过上述所述的确定方法进行确定,一般可以满足定性指标选取的需要,而不会产生评价失真的现象和因指标体系不合理的选取产生的评价失效的现象。需要强调的是,在决策指标的选取过程中,决策人员的实践经验还是具有非常重要的作用的,不可忽视。

6.3 施工场地布置实例

拉西瓦水电站位于青海省贵德县与贵南交界的黄河干流上,是黄河上游龙青河段规划中的第2座大型梯级电站。拉西瓦水电站正常蓄水位2 452.0 m,总库容10.79亿 m^3,装机容量4 200 MW,多年平均发电量102.23亿 kWh,是整个黄河流域装机规模最大、坝体最高、水能指标最优越的水电站。工程枢纽建筑物由混凝土双曲拱坝、坝身泄洪表(底)孔、坝后消力塘、右岸岸边进水口和地下发电系统等组成,施工布置图见图6-2。

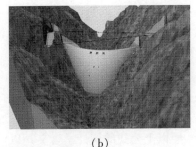

(a)　　　　　　　　　　　(b)

图6-2　拉西瓦水电站施工布置图

工程所在位置的自然条件为:拉西瓦坝址处为典型的半干旱大陆性气候,一年当中,冬季漫长,夏秋季短,冰冻期为10月下旬至次年3月。坝址区气候干燥,降雨量少(多年平均降雨量为259 mm)。多年平均气温7.2 ℃,年冻融循环次数达108.4次,日温差≥15 ℃的天数全年平均有 190 d。

坝址两岸山体陡峻,河谷狭窄,从谷底到山顶高达 700 余 m。在坝顶高程 2 460.0 m 处,河谷宽度为 370 ~ 380 m。在高程 2 400 m 以下,岸坡平均坡度为 50°~65°,在高程 2 400 m 以上,岸坡略缓,平均坡度为 40°~45°。坝址两岸大部分地段基岩裸露,岩体坚硬,构造发育程度及风化中等,裂隙及断层以陡倾角为主,整体地质条件良好。

左岸缆机平台上游段被堆积物覆盖,下游段基岩裸露,但表层松动岩体较多,左岸缆机平台基础以弱风化的花岗岩体为主,上游段的地基稳定性受 HL25 等缓倾岸外的裂隙组控制,后边坡受 HL10 和 Q4 与基岩接触面控制。

右岸缆机平台的地基和岸坡稳定条件总体较好,岩性以新鲜完整的花岗岩为主。

大坝和发电进水口布置概要:双曲薄拱坝左右岸基本对称布置,坝体建基面高程 2 210.0 m,坝顶高程 2 460.0 m,坝顶中心线弧长 475.83 m,坝顶厚度 10.0 m,拱冠底部最大厚度 49 m,混凝土方量 253.9 万 m^3,坝身泄洪建筑物混凝土方量 15.5 万 m^3。

发电进水口位于右岸坝肩上游侧的石门沟和青草沟之间,在平面上呈"一"字形布置,前沿总长 184 m,坝顶设计高程 2 460.0 m,6 个进水口在横剖面方向呈 3 个台阶布置,其基础高程分别为 2 340.0 m、2 360.0 m 和 2 380.0 m。进水口最大高度 122 m,顺水流方向长度均为 29 m,并设两道拦污栅,一道检修门和一道事故门,发电进水口混凝土方量为 35.33 万 m^3。

整个枢纽的主体工程量为:石方明挖 578.36 万 m^3,石方洞挖 227.3 万 m^3,固结灌浆和帷幕灌浆 85.5 万 m,钢筋(材)11.78 万 t,金属结构安装 11 584.0 t,安装 6 台 700 WM 的混流式水轮发电机组。

工程进度计划安排为:施工总工期为 108 个月,其中施工准备期 18 个月,主体工程施工期 60 个月,完建尾工期 30 个月,大坝系统为本工程的控制性项目之一。

大坝施工安排在 2003 年 12 月底主河床截流后到 2010 年 10 月进行。高峰期为 2006 年 1 月至 2008 年 11 月,在该时间段内,坝体月均上升速度 5.3 m/月,平均浇筑强度 5.14 万 m³/月,高峰浇筑强度 11.7万 m³/月。

发电进水口安排在 2003 年底主河床截流后开工,2008 年首台机组发电前竣工,总工期 5 年。其中:2004 年 1 月至 2005 年 9 月,完成全部开挖量 69.74 万 m³;2005 年 10 月至 2008 年 2 月,完成全部混凝土量 35.33 万 m³;2008 年 3～11 月完成全部金属结构安装和调试。进水口的混凝土浇筑工期 30 个月,平均浇筑强度 1.18 万 m³/月,高峰浇筑强度 1.75 万 m³/月。

施工场地布置概要:供施工使用的生产生活系统,位于峡口黄河左岸,总占地面积约 1 500 亩。

场区交通分左右岸高低线布置,大部分场内交通以地下洞室为主。场内交通分左右岸高低线共 4 条线路布置,其中左右岸低线交通分别担负着基坑开挖出渣、截流、导流洞施工和地下厂房系统施工等任务。左岸高线交通洞全长 2.36 km,高差 46 m,道路宽度 8 m,洞内按双车道设计,在桩号 K2+072.0 处分叉通往左岸拌和楼平台。右岸高线交通洞与上坝公路结合布置,全长 1.76 m,高差 100.0 m,设计标准与左岸高线交通洞相同。左右岸高线交通洞是两岸坝肩和发电进水口施工的重要通道,同时也是发电进水口和大坝混凝土施工期水泥、钢筋、模板等运输的重要通道。

混凝土拌和系统分左右岸单独布置。左岸拌和楼位于坝址下游0.6 km 处,拌和平台高程 2 425.0 m,主要供浇筑大坝和发电进水口使用。右岸拌和楼位于坝址下游 2.3 km 处,主要供水垫塘和地下厂房系统浇筑混凝土使用。

混凝土进料线方案有机动车进料线方案和汽车进料线方案两种,经过分析计算,两种运输方案都能满足浇筑强度的需要。机关车进料线方案:进料线洞横断面尺寸为 10 m×7.6 m,进料线洞长 510 m,进出口高程分别为 2 425.3 m 和 2 430.0 m,进料线平台长 182.0 m,宽度 15 m,设计高程 2 430.0 m。机关车型号为 JWY735 准轨内燃机车,机关车数量经过计算为 6 辆,考虑 1 台备用后,则机关车配备数量为 7 辆。

汽车进料线方案:进料线洞横断面尺寸,双车道段为 12 m×8.3

m,单车道段为 7 m×6.38 m;进料线洞上行长度为 524.0 m,回空长度为 360.0 m;进料线平台宽度 20 m,设计高程 2 440.0 m。汽车选型为北方重汽 6 m³ 和 9 m³ 侧卸式混凝土运输车,汽车数量经过计算为 9 m³ 的 6 辆和 6 m³ 的 3 辆,考虑 2 台备用后,则汽车配备数量为 11 辆。

大坝和发电进水口的浇筑方案及配套机械的选择:根据大坝和发电进水口施工特点及坝址处的地形条件,并借鉴国内外同类工程的施工经验,门塔机浇筑方案的设备优越性难以发挥,且临建工程量大,管理不便,影响施工进度,所以大坝混凝土浇筑选择缆机浇筑方案;根据地形条件,经过比较,选择中速缆机方案;缆机配备数量,对 2 台 20 t + 2 台 30 t 和 1 台 20 t + 3 台 30 t 方案进行了比较,认为 3 台 30 t 缆机方案适合该工程。

缆机布置方案:设计文件中提出了五种缆机布置方案分别是平移加辐射式、右岸单吊点辐射式、左岸单吊点辐射式、左岸双吊点辐射式、双弧线辐射式,分别对应不同的混凝土运料线方案。设计推荐的方案为采用机动车水平运输,平移加辐射式缆机布置方案(1 台 20 t 辐射式缆机用于浇筑进水口,3 台 30 t 平移式缆机用于浇筑大坝)。备用方案为左岸双吊点辐射式缆机布置方案。2002 年 4 月 12 ~ 15 日,上级主管部门对拉西瓦水电站可行性研究设计报告进行了审查,其中缆机布置系统的审查意见是:"同意大坝混凝土采用缆机浇筑方案。设计布置 3 台 30 t 缆机是合适的。为减少土石方明挖,应进一步优化平移式缆机布置方案,并进行辐射式缆机方案的技术经济比较。"表 6-2 为黄河拉西瓦水电站施工缆机布置和左岸混凝土进料线组合方案技术经济。

表 6-2　黄河拉西瓦水电站施工缆机布置和左岸混凝土进料线组合方案技术经济

内容	方案编号									
	A		B		C		D		E	
缆机布置方案	平移加辐射式		右岸单吊点辐射式		左岸单吊点辐射式		左岸双吊点辐射式		双弧线辐射式	
混凝土运料线方案	机动车	汽车	机动车	汽车	机动车	汽车	机动车	汽车	机动车	汽车
组合方案编号	A1	A2	B1	B2	C1	C2	D1	D2	E1	E2

内容	方案编号				
	A	B	C	D	E
设计意见	推荐	设计	设计	设计	备用
方案比较		建议不参与缆机布置方案比较			
缆机型号	3(30 t)平移+1(20 t)辐射	3(30 t)辐射+2塔机	3(30 t)辐射	高台:1(30 t)辐射+1(20 t)辐射 低台:2(30 t)辐射 高低台差30 m	3(30 t)辐射+1(20 t)辐射
缆机价格	进口30 t平移式:400万美元/台;30 t辐射式:350万美元/台 国产20 t平移式:500万元/台;20 t辐射式:450万元/台 塔机:150万元/台				
缆机布置土建费（万元）	9 772.4	估计:8 000	7 622.3	8 572.9	9 231.65
设备购置费(万元)	10 406.0	估计: 8 715.0+300 =9 015	8 715.0	9 615.0	10 406.0
缆机布置费用合计（万元）	20 178.4 差额:0	17 015.0 差额:3 163.4	16 337.3 差额:3 841.1	18 187.9 差额:1 990.5	19 637.65 差额:540.75
组 合 费 用									

	A1	A2	B1	B2	C1	C2	D1	D2	E1	E2
混凝土运料线土建费(万元)	4 973.0	4 217.2	4 973.0	4 217.2	4 973.0	4 217.2	4 973.0	4 217.2	4 973.0	4 217.2
混凝土运料线设备购置费（万元）	设计文件中没有提及,在此假设机动车与汽车设备购置费相同,在此不予体现									

续表 6-2

内容	方案编号				
	A	B	C	D	E
组合方案费用总计（万元）	25 151.4 差额:0 24 395.6 差额:755.8	21 988.0 差额:3 163.4 21 232.2 差额:3 919.2	21 316.3 差额:38 35.1 20 554.5 差额:4 596.9	23 160.9 差额:1 990.5 22 405.1 差额:2 746.3	24 610.65 差额:540.75 23 854.85 差额:1 296.55

定性评价指标

	A1	A2	B1	B2	C1	C2	D1	D2	E1	E2
缆机覆盖范围及干扰程度	范围大,互不干扰			范围大,互不干扰	范围小,干扰		范围大,互不干扰	范围大,互不干扰		
运行程度及强度保证率	灵活,保证率高					不灵活,保证率低	灵活,保证率高	灵活,保证率高		
安全及安装方便性	安全,易安装			安全,易安装	安全,易安装		不安全,不易安装	安全,易安装		
土建工程量及设备购置费评价	土建量大,设备费高			土建量小,设备费低	土建量小,设备费低		土建量小,设备费低	土建量稍小,设备费稍低		
混凝土运料线使用成熟程度	有经验,方案成熟	无经验,方案有待检验	有经验,方案成熟	无经验,方案有待检验	有经验,方案成熟	无经验,方案有待检验	有经验,方案成熟	无经验,方案有待检验	有经验,方案成熟	无经验,方案有待检验
混凝土运料线土建工程量	大	小	大	小	大	小	大	小	大	小

　　拉西瓦水电站施工缆机布置方案多目标模糊决策模型:拉西瓦水电站施工缆机布置方案和混凝土运料线方案密切相关,设计文件提供

了5种组合方案,依据定量指标和定性评价指标,结合工程实际条件,得出了设计推荐方案和备用方案。根据设计审查意见需要进一步进行方案比较,现依据设计文件,建立了拉西瓦水电站施工缆机布置方案多目标决策与综合评价模型,对这些方案进行多目标决策和综合评价,依据科学方法,得出结论。进行方案决策的定性指标和定量指标的隶属度值见表6-3,由于在缆机布置的方案决策中,定量指标并非起重要作用,对方案的决策影响不是起决定作用,故在赋权值时给予较小的权值,而重点考虑定性指标对方案决策的影响。

表6-3 拉西瓦水电站缆机布置方案决策指标隶属度

内容	A	B	C	D	E	权值
缆机土建费	0.78	0.95	1.00	0.89	0.83	0.05
设备购置费	0.84	0.97	1.00	0.91	0.84	0.03
运料线工程量大小	0.85	1.00	1.00	1.00	0.85	0.02
缆机覆盖范围	0.818	0.333	0.176	0.538	1.00	0.25
缆机运行程度	1.000	0.250	0.111	0.818	0.667	0.250
缆机运行安全性	1.000	0.250	0.333	0.053	0.818	0.350
运料线成熟程度	1.000	0.429	0.176	0.11·1	0.667	0.20

$$R = \begin{pmatrix} 0.78 & 0.95 & 1.00 & 0.89 & 0.83 \\ 0.84 & 0.97 & 1.00 & 0.91 & 0.84 \\ 0.85 & 1.00 & 1.00 & 1.00 & 0.85 \\ 0.818 & 0.333 & 0.176 & 0.538 & 1.00 \\ 1.000 & 0.250 & 0.111 & 0.818 & 0.667 \\ 1.000 & 0.250 & 0.333 & 0.053 & 0.818 \\ 1.000 & 0.429 & 0.176 & 0.111 & 0.667 \end{pmatrix}$$

$$G = (1.0, 1.0, 1.0, 1.0, 1.0, 1.0, 1.0)$$

$$B = (0.78, 0.84, 0.85, 0.176, 0.111, 0.053, 0.111)$$

$$W = (0.05, 0.03, 0.02, 0.25, 0.35, 0.1, 0.2)$$
$$U = (0.993, 0.083, 0.064, 0.88, 0.36)$$

依据最大隶属度原则,A 方案最大为 0.993,其后顺序为 D、E、B、C 方案,故 A 方案为最优,即缆机布置方案为平移加辐射式,混凝土运料线为机关车,该组合方案为最优的布置方案。C 方案为最不理想,即左岸单吊点辐射式缆机布置方式,混凝土运料线为汽车方案,该组合方案为最不理想的布置方案。介于 A 方案和 C 方案之间的 D、E、B 方案可以考虑作为备用方案,设计文件中将 D 方案作为备用方案即左岸双吊点辐射式缆机布置方案和混凝土运料线为机关车运输组合方案,与计算结果吻合。

权重灵敏度分析:当缆机覆盖范围及干扰程度权重变化时即其权重由 0.35 ~ 0.05 变化,相应变化混凝土运料线使用成熟程度的权重,其他因素权重保持不变,经过 8 次计算,优化评价的结果见表 6-4,排在第 1、2、5 位的方案排序保持不变,仅仅排在第 3、4 位的方案排序发生变化。

表 6-4

权重	方案				
0.35	A	E	D	B	C
0.325	A	E	D	B	C
0.3	A	E	B	D	C
0.25	A	E	B	D	C
0.2	A	E	B	D	C
0.15	A	E	B	D	C
0.1	A	E	B	D	C
0.05	A	E	B	D	C

当缆机覆盖范围及干扰程度权重变化时即其权重由 0.35 ~ 0.05 变化,相应变化运行灵活程度及强度保证率的权重,其他因素权重保持不变,经过 8 次计算,优化评价的结果见表 6-5,排在第 1、5 位的方案排序保持不变,仅仅排在第 2、3、4 位的方案排序发生变化。

表 6-5

表 6-5

权重	方案				
0.35	A	E	D	B	C
0.325	A	E	D	B	C
0.3	A	E	D	B	C
0.25	A	E	D	B	C
0.2	A	E	D	B	C
0.15	A	D	B	E	C
0.1	A	D	B	E	C
0.05	A	D	B	E	C

当缆机覆盖范围及干扰程度权重变化时即其权重由 0.35～0.05 变化,相应变化安全及安装方便性的权重,其他因素权重保持不变,经过 8 次计算,优化评价的结果见表 6-6,从表 6-6 中可见排在第 1、2、5 位的方案排序保持不变,仅仅排在第 3、4 位的方案排序发生变化。

表 6-6

权重	方案				
0.35	A	E	D	B	C
0.325	A	E	D	B	C
0.3	A	E	D	B	C
0.25	A	E	B	D	C
0.2	A	E	B	D	C
0.15	A	E	B	D	C
0.1	A	E	B	D	C
0.05	A	E	B	D	C

经对缆机覆盖范围及干扰程度权重变化 24 次的计算,方案排序结果是最优和最差方案排序位置没有变化,介于两者之间的方案排序受到权重的变化而排序位置发生相应的变化,即受权重变化影响较大。同理,可以

分别计算缆机运行灵活程度及强度保证率、缆机运行安全性及安装方便性、混凝土运料线使用成熟程度权重的变化对方案排序的影响。

通过灵敏度分析,可以得出如下结论:

(1)指标权重的变化对于优化方案的排序影响,不会涉及最优方案和最差方案,而介于这之间的方案排序随指标权重的变化而变化。

(2)所出现的结果也验证了,多目标半结构模糊优化模型克服了目前单层和多层模糊综合评价模型中评判值趋于平均化的不足,特别是在多层次综合评判中,克服了不易产生合理评判结果的困难。

(3)通过分析,该模型的客观性得到进一步确认,通过计算,可以更科学地得到最优方案,而且减少了主观成分的干扰。

(4)指标特征值矩阵对于方案的排序有着直接的影响,指标特征值矩阵的相对隶属度值的变化,可以影响到最优方案的选取。

(5)指标特征值矩阵数据发生变化时,将使方案的排序发生重要的变化。如下算例:

当 $R(m, n) = R(7,5)$ 为:

$$\begin{pmatrix} 0.78 & 0.95 & 1.00 & 0.89 & 0.83 \\ 0.84 & 0.97 & 1.00 & 0.91 & 0.84 \\ 0.85 & 1.00 & 1.00 & 1.00 & 0.85 \\ 1.00 & 0.333 & 0.176 & 0.538 & 0.818 \\ 1.00 & 0.667 & 0.111 & 0.818 & 0.25 \\ 1.00 & 0.25 & 0.333 & 0.053 & 0.818 \\ 1.00 & 0.429 & 0.176 & 0.111 & 0.667 \end{pmatrix}$$

则

$b(m) = b(7) = (0.78, 0.84, 0.85, 0.176, 0.111, 0.053, 0.111)$

$g(m) = g(7) = (1.00, 1.00, 1.00, 1.00, 1.00, 1.00, 1.00)$

取 $w(m) = w(7) = (0.05, 0.03, 0.02, 0.35, 0.25, 0.1, 0.20)$

经过计算 $u(5) = (0.999 \ 4, 0.248, 0.004 \ 5, 0.29, 0.62)$

所以,方案排序为 A,E,D,B,C。最优方案为 A,最差方案为 C,介于其间的方案排序发生了明显的变化。

当调整评价指标的特征值矩阵为如下时:

$$R(m, n) = R(7,5) = \begin{pmatrix} 0.78 & 0.95 & 1.00 & 0.89 & 0.83 \\ 0.84 & 0.97 & 1.00 & 0.91 & 0.84 \\ 0.85 & 1.00 & 1.00 & 1.00 & 0.85 \\ 1.00 & 0.333 & 0.176 & 0.538 & 0.818 \\ 0.25 & 0.667 & 0.111 & 0.818 & 1.00 \\ 1.00 & 0.25 & 0.333 & 0.053 & 0.818 \\ 0.667 & 0.429 & 0.176 & 0.111 & 1.00 \end{pmatrix}$$

则 $b(m) = b(7) = (0.78, 0.84, 0.85, 0.176, 0.111, 0.053, 0.111)$

$g(m) = g(7) = (1.00, 1.00, 1.00, 1.00, 1.00, 1.00, 1.00)$

取 $w(m) = w(7) = (0.05, 0.03, 0.02, 0.35, 0.25, 0.1, 0.20)$

经过计算 $u(5) = (0.7898, 0.2482, 0.00645, 0.2929, 0.9809)$

所以,方案排序为 E,A,D,B,C。最优方案为 E,可见评价指标的特征值矩阵对方案优化的结果有着重要的作用,也证明了原始数据在方案优化中的重要作用。

半结构性多目标模糊决策模型用于水利水电工程施工场地布置方案选择有以下一些特点:

(1)能够融入人的经验知识,使决策者直接参与。人的经验知识、直观判断在水利水电工程施工场地布置方案选择中具有不可替代的作用,在系统方案研究决策中,无法回避人的经验知识、决策者的直观判断,而这些很难用经典的优化理论、方法、技术解决。应用多目标半结构模糊优化模型能够方便地将人的经验知识纳入到决策模型中,实现多年来人们追求的将决策者意见很好地协调解决的方法。

(2)能够考虑多目标中各目标的重要程度,使决策趋于合理。水利水电工程施工场地布置方案选择涉及目标很多,属于多目标决策范围,但各目标对方案选择影响程度不同,并非同等重要。仅仅考虑一两个目标,将使决策结果有一定的局限性,目标考虑的多,又容易使目标判断陷入矛盾之中,将使决策者感到无所适从,很难得出结论。而应用多目标半结构模糊优化模型能方便地考虑各种目标,并根据各目标对方案的影响程度分别赋予不同的权重,使决策趋于合理。

(3)可以量化定性目标,将定性目标与定量目标统一参与到决策中,使决策更科学。在水利水电工程施工场地布置方案选择中,既有定量目标(目标特征值可以直接定量或量化),又有难于直接量化的定性目标(如方案的安全性、安装的难易程度、方案的协调程度等),在以往的研究中,通常是将这些定量目标、定性目标分开分别进行判断,容易产生矛盾的结果,影响决策的科学性。而运用多目标半结构模糊优化模型能方便地将定性目标转化为目标的相对隶属度,将定量目标和定性目标一起纳入决策模型中参与决策,使决策变得更具科学性。

　　总之,水利水电工程施工场地布置方案选择在施工组织设计中具有重要的意义,方案的选择涉及多个目标,运用多目标半结构模糊优化决策模型研究施工场地布置方案选择会使设计成果更具科学性,无疑将增加设计成果的可信度。

第 7 章 水利水电工程施工场地布置决策支持系统研究

7.1 概 述

　　水利水电工程施工是对自然的改造,它与自然特性密切相关,如水文、气象、地形、地质、地貌等。施工场地布置作为水利水电工程施工组织设计中的一项重要内容,也必然受到自然特性的影响,而且与自然的关系非常密切,可以说水利水电工程施工场地布置是合理解决施工场区的空间规划问题,以便与工程施工的进度计划、工程造价、工程质量等问题协调一致,完成工程建设任务。如在本书第 1 章和第 2 章所述,水利水电工程施工场地布置方案决策受到了大量因素的影响,如地形、地质、地貌、工程计划、工程造价、水文、气象、社会、经济等因素,前述各章的施工场地布置决策方法不失为有效的手段。但是,由于决策过程的时间性非常强,而且需要多次反复,必然会增加有关人员的工作量,且工作内容单调、烦琐,必然会影响决策的效果。随着科技的发展和技术的进步,尤其是在今天计算机普及和广泛应用的局面下,研究基于计算机技术的水利水电工程施工场地布置决策支持系统将会克服这些决策过程的缺陷,使人们从繁重的工作中解脱出来,腾出精力去关注决策效果,或决策方案的比较、评价,同时也为提高水利水电工程施工技术向高科技方向发展提供强大的技术手段。

　　纵观前述各章分析,可以得出水利水电工程施工场地布置方案的选择与决策密不可分,决策在工程施工场地布置中随时出现,正确的决策将会确定出合理、可行的施工场地布置方案,促进工程施工顺利的实施,相反,不合时宜的决策将会选出不合理的施工场地布置方案,给工程施工顺利实施带来干扰甚至严重的后果。施工场地布置作为工程施工的重要环节,由于其自身特性,即一旦作出决策选择了施工场地布置方案,由于工程施工的连续性和庞大的工程量,很难改变布置方案,否则将会付出巨大的代价,或者工程进度计划延后,或者增加工程造价,所以决策所起的作用更是非常重要。正如有人所讲,世界走向未来是决策的结果,而不是规划的结果,规划的一个主要目的是论述决策。由此可见,决策在工程施工中的重要作用以及决策的时间性的影响,对于水利水电工程施工场地布置尤其如此。

水利水电工程施工场地布置方案决策的数学方法对于传统的依靠经验知识为主的决策方法是一种改进,但是还不便于施工场地布置方案的决策,从事这一工作有关人员多年来一直在试图改进施工场地布置方案决策的手段,即通过计算机技术实现施工场地布置方案决策的形象化、智能化、可视化、快速化等便利的实现方法。也有人曾从事过这一方面的研究,但由于技术手段和技术发展的限制,仅从局部决策上有所改进,还没有形成一套系统的方法。决策支持系统、地理信息系统、数据挖掘技术、可视化技术的发展为实现水利水电工程施工场地布置方案决策系统创造了有利的技术环境。

决策支持系统(Decision Support System,DSS)可以将人的判断力和计算机的信息处理能力有机地结合在一起,提高决策者的效能而又不妨碍人们的主观能动性发挥,可以对人们的决策起到助手的作用。今天,计算机决策支持系统(DSS)在技术上已经成熟,各种成熟的理论方法已经出现,并正向着更高的层次——智能决策支持系统(IDSS)方向迅速的发展。同时,计算机决策支持系统(DSS)的应用和软件开发在各行各业正形成一股热潮,有的行业已投入使用,并体现出了其强大的生命力和发挥了很好的助手作用,使人们从以前繁重的工作中解脱了出来。计算机决策支持系统(DSS)在水利水电行业的部分业务中也同样得到了应用,但是,迄今为止,据文献资料检索和查询,在水利水电工程施工场地布置方案决策中系统的应用还没有出现,因此研究和开发基于水利水电工程施工场地布置计算机决策支持系统(DSS)有着现实紧迫性和必要性。

水利水电工程施工对自然的改造,只有在充分对自然特性指标了解的基础上,才能保证工程的顺利施工,完成对自然的改造。在工程施工过程中,涉及许多关于自然因素的决策问题,通常的这类决策是通过对图纸、资料的查阅,经过技术人员的知识加工,以及根据工程经验来进行的。这样的决策过程,时间长,经验成分过多,而且决策结果需要依据实际情况进行多次的调整,调整过程烦琐、单调,增加了人们的工作量。而水利水电工程施工场地布置考虑的因素复杂、影响因素多、涉及的专业多,并且水利水电工程本身就是一个庞然大物,施工周期长,材料利用多,参加施工的人员多,施工强度高等,因此在水利水电工程施工场地布置方案决策时需要进行深入的研究,否则将会给工程施工带来严重的损失,甚至影响到工程的按期投产。

利用计算机的存储、检索、计算、推理等过程简短、快速的优点,可以辅助人们决策的准确性和决策过程的简短性。人们可以利用节省的时间和旺盛的精力集中从事目标的设计及决策思想的研究。决策是根据决策人认识到的将来的事物变化,按决策人对现有信息的分析、综合、归纳、掌握等程度,形成的对预测结果的一种判断,依据决策人的价值观和偏好作出决策,以达到预期的利益或目标。要搞好决策决不能凭经验拍脑袋,必须有事先研究,利用各种方法先进行预测,预测将来是非常重要的,它不但可以帮助决策者去作及时的决策,更可以帮助决策者选择各种决策方案和决策变量,以得到最适宜的决策。决策者要随时观察决策后的效果,如果决策结果不理想,必须重新研究过去的决策,必要的时候应当修改过去的决策,严重的时候要重新决策。而且决策有时往往不是一次性的,而是贯序的。经过决策过程的多次循环,将会使决策的事情愈办愈好。

由于决策过程的反复性,因此发挥计算机技术的优势,将水利水电工程施工场地布置方案决策和计算机决策支持系统(DSS)有机的结合起来,研究和开发基于水利水电工程施工场地布置的决策支持系统(DSS)正是本章所要研究的内容。由于水利水电工程施工场地布置的复杂性、动态性、广泛性及与空间信息的关系密切相关,因此在进行该决策支持系统研究时,单纯传统的决策支持系统不能更好的以形象化的方式满足施工场地布置方案决策的决策者的需要和要求,因此将结合地理信息系统(Geographic Information System, GIS)、数据挖掘(Data Mining, DM)技术、可视化技术等研究建立该决策支持系统,使得水利水电工程施工场地布置方案决策过程以形象、直观、快速、方便等形式表现出来。

7.2 水利水电工程施工场地布置决策支持系统基本理论

水利水电工程施工场地布置决策支持系统将综合决策支持系统(DSS)、地理信息系统(GIS)、可视化、数据挖掘(DM)等技术,以地理信息系统(GIS)软件为平台来进行开发和研究,各项技术的基本理论分述如下。

7.2.1 决策支持系统技术

7.2.1.1 产生背景

决策支持系统(DSS)是在最初电子数据处理、管理信息系统基础上而发展起来的用于管理的一种新型的计算机信息系统。计算机问世不久,就应用于管理领域,开始人们主要用它来进行数据处理和编制报表,其目的是实现办公室自动化,通常人们习惯将这一类系统所涉及的技术称为电子数据处理(Electronic Data Processing,EDP),EDP把人们从烦琐的事务处理中解脱出来,大大地提高了工作效率,但是任何一项数据处理都不是孤立的,它必须与其他工作进行数据交换和资源共享,因此有必要对一个工程项目或一个工程项目管理机构的信息进行整体分析和系统设计,从而使整个工作协调一致,在这种情况下,管理信息系统(Management Information System, MIS)应运而生,使信息处理技术进入了一个新的阶段,并迅速获得发展。管理信息系统是一个由人、计算机等组成的,能进行管理信息的收集、传递、储存、加工、维护和使用的系统,它能把孤立的、零碎的信息变成一个比较完整的、有组织的信息系统,可以解决信息存放的冗余问题,大大提高了信息的效能。但是,MIS只能帮助管理者对信息做表面上的组织和管理,而不能把信息的内在规律更深刻的挖掘出来为决策服务。

为了发挥计算机为决策服务的作用,人们进行了不懈的努力和深入的研究。20世纪70年代末,与完成这一任务的相关学科有了突破性进展,完善的运筹学模型、严密的数理统计方法以及相关软件的发展,小型、高效率、廉价的微机及工作站的出现,数据库及其管理系统、图形专用软件、各类软件开发工具等方面的研究和出现,为研究和应用能给人们决策服务的计算机决策支持系统(DSS)提供了良好的技术准备和物质准备。

20世纪70年代中期,Keen和Scott Morton创造了"决策支持系统(DSS)"一词,并得到人们的认可和广泛使用。1971~1976年从事DSS研究的人逐渐增加,1975年以后,决策支持系统(DSS)作为这一领域的专用名词逐渐被大家承认。经过几年的努力和发展,DSS研究基本上走上了正规,G. W. Prter、Keen等编写了一套丛书,阐述决策支持系统的主要观点,并把至20世纪70年代末为止的各种实践的、理论的、行为上的和技术上的观点综合在一起,初步构造了DSS的基本框架。1978~1988年,DSS得到了迅速发展,已成为一个非常流行的名词述语,只要是为管理服务的软件,均被冠以DSS。但什么是DSS?到目前为止,仍没有一个学术界公认的严格的定义。因为,对一个正在迅速发展的领域过早地追求一个完善的定义并非明智之举,只要把握住这个领域的基本特征和基本框架就可以了,这样做的好处是给该领域的扩充和改变方向提供了足够的灵活性。

在现在和未来的发展中,DSS除涉及有关计算机技术外,在科学技术迅猛发展的今天,各种新技术都可能为DSS的发展开辟新的天地,只要善于将这些技术同DSS的应用、开发、适用原则结合在一起,就将是一种创新。今后DSS的发展将会向智能技术方向发展,如人机界面上的自然语言理解和处理,但是,应该明确一点,即DSS无论如何发展,其主要的作用是辅助决策,因此DSS的继续发展最终将是面向实际,更多地解决实际问题。

7.2.1.2 决策支持系统DSS基本概念

决策是一个过程,它是人们为实现一定的目标而制订的行动方案,并准备组织实施的活动过程,该过程也是一个提出问题、分析问题、解决问题的过程。一般的决策过程如图7-1所示。

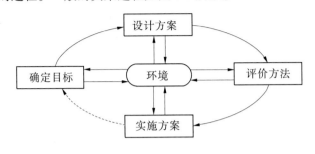

图7-1　决策过程

对于决策的问题,一般可以分为结构化、半结构化、非结构化问题。结构化问题是对于某个决策过程的环境和规律能用明确的语言(数学、形式、定量或推理等)描述清楚。而对不能描述清楚仅靠直觉或经验作出判断的问题是非结构化问题,介于两者之间的问题是半结构化问题。

决策支持是指利用计算机来达到以下目的:

(1)帮助决策者在半结构化或非结构化的任务中作决策;

(2)支持决策者的决策,很明显是无法代替决策者的判断力;

(3)改进决策效能,而不是提高它的效率。

决策支持系统(DSS)的定义迄今没有一个明确的概念,正如DSS这一术语的创始者Keen在1986年所说,从DSS产生开始直至今天,仍没有建立一个关于DSS的定义。曾有不少文献对DSS的定义作了如下叙述,凡能对决策提供支持的计算机系统,这个系统充分运用可供利用的、合适的计算机技术,针对半结构化或非结构化问题,通过人机交互方式帮助和改善管理决策制定的有效性的系统。但有许多人反对,不同时期,不同用途,采用不同技术所构造的DSS可能完全不同,但有一点是共同的,那就是DSS一定能起决策支持作用。

通常决策支持系统(DSS)具有以下的基本特征:

(1)对准上层管理人员经常面临的结构化程度不高、说明不够充分的问题;

（2）把模型或分析技术与传统的数据存取技术和检索技术结合起来；

（3）易于为非计算机专业人员以交互会话的方式使用；

（4）强调对环境及用户决策方法改变的灵活性及适用性；

（5）支持但不是代替高层决策者制订决策。

组成决策支持系统（DSS）部件的结构特征，包括以下五个方面：

（1）模型库及其管理系统；

（2）交互式计算机硬件及软件；

（3）数据库及其管理系统；

（4）图形及其他高级显示装置；

（5）对用户友好的建模语言。

典型的 DSS 系统结构如图 7-2 所示。

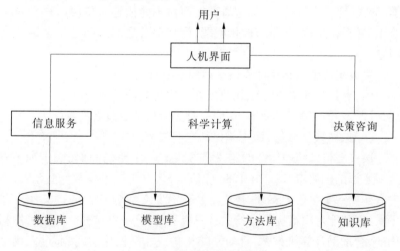

图 7-2　典型 DSS 系统结构

决策支持系统 DSS 的理论发展及其开发与很多学科有关，它涉及计算机软硬件、信息论、人工智能、信息经济学、管理科学、行为科学等，这些学科构成了它发展的理论框架，也称为它的理论基础。同时，DSS 是一种开放的技术，它总在不停地吸收其他学科的营养，一般说来，只要能面向计算机并且给决策人员提供帮助，则 DSS 都可以并且可能把它转化为自己的技术。

基于以上分析,在本书研究中,由于水利水电工程施工场地布置与自然环境密切相关,涉及大量的地形、地质、地貌、三维建筑物等空间数据和信息,因此在进行该研究时,利用地理信息系统(GIS)技术处理空间信息的强大功能和可视化技术处理三维建筑物显示的优势以及数据挖掘技术对大量数据和信息的强大处理能力,立足于决策支持系统的基本理论来开展基于水利水电工程施工场地布置的决策支持研究工作。

7.2.2 地理信息系统(GIS)技术

地理信息系统(Geographic Information System, GIS)是一种采集、存储、管理、分析、显示与应用地理信息的计算机系统,是分析和处理海量地理数据的通用技术,它在最近的30多年内取得了惊人的发展,并广泛应用于资源调查、环境评估、区域发展规划、公共设施管理、交通安全等领域,成为一个跨学科、多方向的研究领域。作为一种通用技术,地理信息系统按一种新的方式去组织和使用地理信息,以便更有效地分析和生产新的地理信息。同时,地理信息系统的应用也改变了地理信息分发和交换的方式。因此,地理信息系统提供了一种认识和理解地理信息的新方式,从而使地理信息系统进一步发展成为一门处理空间数据的学科。

地理信息系统技术的出现,为水利水电工程施工场地布置决策提供了强大的辅助决策工具,由于地理信息系统是一门地学空间数据与计算机技术相结合的新型空间信息技术,有别于其他传统意义上的信息系统,它把现实世界中对象的空间位置和相关属性有机的结合起来,满足用户对空间信息的管理,并借助其特有的空间分析功能和可视化表达,进行各种辅助决策。目前,随着3D GIS技术的发展,其对于空间数据的采集及处理能力不断提高,空间分析功能日趋强大,三维建模更加便利,这些为基于GIS的可视化水利水电工程施工场地布置研究工作提供了有利的条件。

地理信息是有关地理实体的性质、特征和运动状态的表征和一切有用的知识,它是对表达地理特征与地理现象之间关系的地理数据的解释。而地理数据则是各种地理特征和现象间关系的符号化表示,包括空间位置、属性特征(简称属性)及时域特征三部分。空间位置数据描述地物所在位置,属性数据有时又称非空间数据,是属于一定地物、描述其特征的定性或定量指标。时域特征是指地理数据采集或地理现象发生的时刻或时段。空间位置、属性及时间是地理空间分析的三大基本要素。

地理信息系统的功能遍历数据采集—分析—决策应用的全部过程,并能回答以下问题:

(1)位置,即在某个地方有何问题。

(2)条件,即符合某些条件的实体在哪里的问题。

(3)趋势,即某个地方发生的某个事件及其随时间的变化过程。

(4)模式,即某个地方存在的空间实体的分布模式的问题,模式分析揭示了地理实体之间的空间关系。

(5)模拟,即某个地方如果具备某种条件会发生的问题,地理信息系统的模拟是基于模型的分析。

由于地理信息系统发展的多源性,其功能具有可扩充性及应用的广泛性。地理信息系统的功能可以分为以下五类:采集、检索与编辑,格式化、转换、概化,存储与组织,分析,显示。在分析功能中,把空间分析与模型分析功能称为地理信息系统的高级功能。

GIS中信息的可视化组织表现在对系统数据库的操作及管理上。由于GIS特有的混合数据库设计结构,把数据贮存形式分为两个部分:一是图形(空间)数据库,它主要是存放各种专题图及组成它们的所有图素。根据需要,可将不同性质的图素放在不同的图层上,以便今后查询或进行图层叠加分析。二是图素的属性数据库,它主要用来存放描述图素的属性数据。空间数据和属性数据通过内部代码和用户标识码作为公共数据项连接起来,使得描述图素的属性数据与其图素建立一一对应的关系。图7-3显示了GIS系统中空间数据和属性数据两者的对应关系,这种数据库设计结构是实现数据可视化的基础,为信息可视化查询及分析提供了可能。

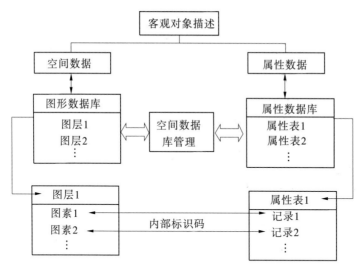

图 7-3　GIS 数据可视化组织结构

信息在 GIS 中的三维表示与分析可以由图 7-4 所示的三维动态交互可视化模型来表示。基于数字地形模型(DTM)构筑的此三维模型不仅只是为了直观表达空间数据的相互关系,而且更为重要的是将其作为可交互查询的受体,从而实现可视化及交互操作。基于这样的三维模型,才有可能提供一个动态环境,用以逼真创建和显示复杂空间物体,进而为空间决策服务。

7.2.3　可视化技术

可视化技术是科学计算与图形图像技术的结合,这涉及科学与工程计算、计算机图形学、图像处理、人机界面等多个学科和技术领域。作为一种新兴学科,自正式确立以来获得了迅速的发展,可视化技术已和多媒体技术、虚拟现实技术一起成为目前计算机科学中研究的热点。

可视化(Visualization)即科学可视化(Scientific Visualization),是对计算及数据进行探索,以获得对数据的理解与洞察,实现把计算中所涉及的和所产生的数字信息转变为直观的、以图像或图形信息表示的、随时间和空间变化的物理现象或物理量呈现在研究者面前,使其能够观

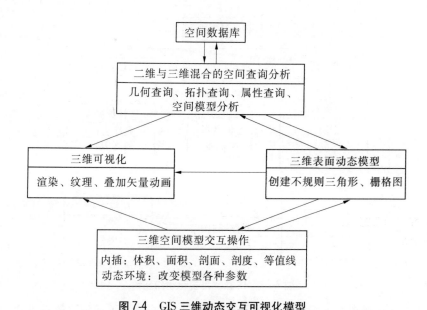

图 7-4　GIS 三维动态交互可视化模型

察到模拟和计算过程,即看到传统意义上不可见的事物或现象,并提供模拟和计算的视觉交互手段。可视化的目的是依靠人类强大的视觉能力,促进对所观察的数据更深一层的了解,培养出对新的潜在过程的洞察力。可视化的作用主要体现在以下几点:

(1)为各应用领域提供可视化的分析工具与手段,实现巨量的、随时间变化的多维数据的分析和显示,并可快速提取有意义的特征及结果。

(2)为模拟计算和数据分析提供视觉交互手段,使研究人员能够跟踪和交互驾驭它们的模拟和计算,大大提高计算的效率和质量。

(3)将图形和计算紧密结合,使处理的数据实时地变化为图形图像,实现可视化动态模拟(包括大量数据的处理与显示),并能通过视觉对模型的性能或合法性进行有效分析。

(4)通过这种数据理解的增强,把过去那种将模拟与设计独立进行处理的方法结合起来(如 CAD 等),使模拟与设计中的三维问题能够交互求解,从而使各种用户逐步进入设计方法学的新时代。

将 GIS 技术和可视化技术有机的结合起来,进行水利水电工程施工场地布置研究工作,以及将研究结果直观的表达出来对于水利水电工程施工场地布置方案的决策有着重要的指导意义。

地理信息系统的可视化过程,包括图形图像的生成和空间数据的查询分析,图形图像包括用于数据显示的二维图和三维图,以及用于对数据进行分析评价的可视化表达的散点图、直方图和条形图表等。在视窗环境中同时建立某种地理对象的多种类型的图形图像,利用图形图像之间基于地理分析方法模式建立的动态关联,可以更清楚地表达地理对象的展布模式及其不确定性,例如将地图、图表、图形和扫描影像等显示在同一视图中,并使它们彼此之间建立动态联系,通过图形图像的动态链接(热链接)与空间数据查询的结合,可以实现在一个图形图像中的对象选择同时使另一图形图像中相应对象的对应特征高亮显示。利用地理信息系统,人们可以在数字地图和其他图形的显示中,来分析它们表达的各种类型的空间关系。

7.2.4　数据挖掘(DM)技术

数据挖掘(Data Mining, DM)也叫数据库中的知识发现——KDD(Knowledge Discovery in Database),就是从大量数据中发现有用信息的处理过程。它能回答诸如"是什么因素在影响混凝土拌和场的位置选择?"等一类反映数据间逻辑性质的问题,随着计算机技术的普及和广泛应用,在工程施工中积累了大量的有关施工场地布置的数据,而且当前的数据库技术使数据的积累变得相当容易,但是数据分析越来越困难,分析成本也越来越高,在这些数据背后隐藏着大量的有用的信息,能从数据库中发现有用的、完全崭新的信息对于决策者的决策变得越来越重要。数据挖掘所用到的方法通常有模糊集合法、可视化技术、神经网络法、关联规则开采法、多层次数据汇总归纳等方法,数据挖掘技术已广泛应用于商业领域,如超级市场的经理人员利用数据挖掘技术从过去几年的销售记录中,分析顾客的消费习惯与行为方式等,但是在工程领域,数据挖掘(DM)技术应用很少,有人曾探讨了数据挖掘技术在大坝安全分析中的应用,而将数据挖掘技术应用于水利水电工程施工场地布置决策中的研究几乎还是空白,本章结合前述研究内容探讨将数据挖掘技术应用于水利水电工程施工场地布置决策中。

总之,水利水电工程施工场地布置决策支持系统研究将在传统的决策支持系统理论和框架下,结合地理信息系统(GIS)技术、可视化技术及数据挖掘(DM)技术等先进技术,进行该系统的研究工作。水利水电工程施工场地布置决策支持系统中,GIS、DM、可视化技术与 DSS 的关系如图 7-5 所示。

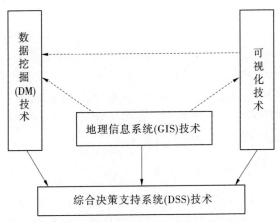

图7-5 GIS、DM、可视化技术与 DSS 关系

在进行水利水电工程施工场地布置决策支持系统研究时,其理论基础为决策支持系统,实现手段以地理信息系统(GIS)软件为主,结合可视化技术和数据挖掘技术及面向对象编程语言软件,实现水利水电工程施工场地布置决策支持系统所要达到的功能。

7.3 施工场地布置决策支持系统设计

7.3.1 系统目标及设计原则

水利水电工程施工场地布置决策支持系统设计的总体目标是:简便、快速、直观、高效、满意地以可视化方式向决策者提供辅助决策支

持,以便决策者选择合理的、可行的水利水电工程施工场地布置方案。在确定系统目标时,遵循以下一些原则:

(1)针对性。以提高施工场地布置决策支持的信息管理效率和信息质量为目的,为工程施工设计及管理人员提供及时、准确、有效的决策信息支持为出发点。

(2)阶段性。系统按自上而下、从总体到局部的步骤对系统进行全面规划和整体设计,然后自下而上、由局部到总体地分期实施,做到既有总体结构的描述,又有局部子系统的详细计划,本决策支持系统将数据挖掘子系统作为今后待开发部分。

(3)实用性。为充分发挥系统的经济效用和社会效益,应注重系统的实用性,而且考虑大量数据的存储、维护与更新的方法,使系统在一个相当长的生命期内能正常的运行及简便的维护。

(4)开放性。系统开放式设计,便于更新和移植,并提供多种数据接口,以便适应于多种数据格式。同时,系统应具备较友好的人机界面,便于不同层次的用户使用。

(5)结构性。系统实现要有良好的结构,便于以后的修改,而且,一个结构的变动和修改不会影响到其他结构的使用功能。

7.3.2 系统实现的技术途径

系统开发基于 ArcView GIS 软件平台,它是一个通用的地理信息系统软件,对于特殊的用户,不一定能满足一些特定的要求,但是 ArcView 提供的面向对象编程工具 Avenue 语言,不仅可以对原系统进行二次开发,而且与其他程序语言的接口能力十分强大。因此,本系统的开发以 ArcView GIS 软件平台为核心,结合其他 OOP(Object Oriented Programming,面向对象程序设计)模式的程序设计语言诸如 VB、VC++等进行实现。数据库系统用 GIS 软件和 Access 2000 实现;模型库系统用 GIS 和 OOP 软件实现,以 OOP 软件为主,GIS 和 OOP 软件之间通过接口实现信息通信;人机界面用 GIS 软件和 OOP 软件共同实现,以使界面友好。根据 GIS 特性和功能,把数据库分成空间图形数据库和属性数据库,通过数据库管理系统对这两个库进行管理。在系统实现过程中,空间数据的预处理、数据库系统(属性数据库和空间图形数据库)、模型库系统、可视化的建模和结果显示等环节将要占用大量时间和费用,这些也同时是研究基于水利水电工程施工场地布置决策支持系统时的重点和基础环节。

7.3.3 系统结构

决策支持系统的结构如前所述,一般有两单元、三单元、四单元和五单元,通常多采用四单元。水利水电工程施工场地布置由于涉及空间信息和空间数据库,原则上应采用五单元,但考虑到空间数据与属性数据间有关联,因此采用四单元结构。该决策支持系统由五个子系统组成:数据库管理子系统、数据查询与检索子系统、数据挖掘子系统、应用模型子系统、三维可视化演示子系统等,其中每个子系统又由许多模块组成,以实现不同的功能。水利水电工程施工场地布置 DSS 组成结构框架如图 7-6 所示。

7.3.4 系统作用及功能

水利水电工程施工场地布置决策支持系统的作用如下:

(1)信息提供。对一些能用明确的语言、数据表述的问题,水利水电工程施工场地布置决策支持系统能以合适的信息方式提供给用户。

(2)信息检索。由于空间数据表达方式的复杂性和不方便性,水利水电工程施工场地布置决策支持系统能以快速、简便、易认知、直观等的方式检索、表达出来,提供给决策者。

(3)数据挖掘。能从累计的数据中挖掘出有用的知识,并以方便、直观的方式表现出来,为布置方案提供有力的决策依据。

(4)模型处理。对那些能够应用模型进行定量分析的问题,水利水电工程施工场地布置决策支持系统要能调用到适当的模型进行运算,给用户提供可靠、有效的信息支持。

(5)直观、明确。对于施工场地布置应该可以用不同于以前的表达方式——三维图形或场景表现及结合部分图表表达场地布置特性。

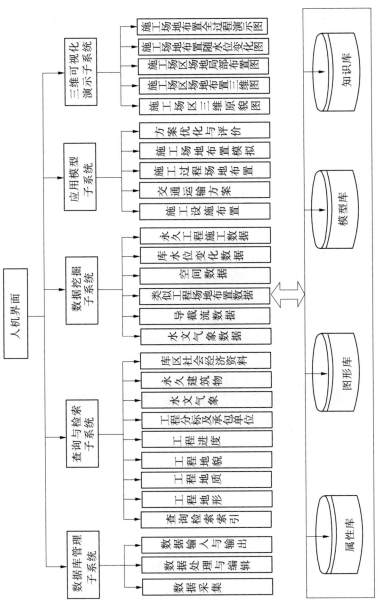

图 7-6 水利水电工程施工场地布置 DSS 结构框架

（6）水利水电工程施工场地布置决策支持系统仅起到决策支持的作用，但不是代替决策者制定决策。

根据其作用，水利水电工程施工场地布置决策支持系统应基本具备以下一些功能：

（1）数据采集功能。即数据的输入、图形和文本编辑、数据存储与管理、数据的查询与检索、数据输出等。

（2）数据挖掘（知识发现）功能。即从累计的数据中可以发现一些对场地布置有用的知识，供场地布置使用及为今后的施工场地布置积累经验。

（3）方案决策优化评价功能。对施工场地的交通运输、施工设施、施工过程场地等布置方案能进行优化评价和方案决策。

（4）图形演示功能。可演示施工场地平面布置图、施工场地三维布置图以及随施工过程的场地动态变化过程，并可以根据用户的指令快速调整场地布置。图形演示应形象、美观，能让用户有身临其境之感。

（5）友好的人机界面。即使是一些对专业知识不熟悉的人员也可以方便地对该决策支持系统进行操作，即应该满足不同层次用户的需要。

7.4 施工场地布置决策支持分系统及关键技术研究

水利水电工程施工场地布置决策支持系统共分为五个子系统：数据库管理子系统、数据查询与检索子系统、数据挖掘子系统、应用模型子系统、三维可视化演示子系统等，每个子系统完成不同的决策支持功能。

（1）数据库管理子系统。

数据库管理子系统由三个模块组成，即数据采集模块、数据处理与编辑及存储模块、数据输入与输出模块等，该子系统涉及空间数据、属性数据、经济和工程数据等的处理、编辑和输入、输出。

①数据采集模块。通过 ArcView GIS 软件输入数据、图形和文字，诸如施工场区定点坐标、施工场区的地形图及分幅地形图、永久性建筑物工程数据、工程进度数据、工程分标数据、交通运输现状、地质资料、水文气象资料、当地社会经济发展统计资料等。

②数据处理与编辑及存储模块。包括数据的存储、检索、运算、显示和更新，以及图件坐标和投影的转换，图形编辑，图幅拼接，数据的插入、删除、修改、移动、行列拷贝、合并等。对地形图数据则需要根据系统的要求，进行等高线的插值、修正及对图形上的无用信息的删除。

③数据输入与输出模块。对所采集的数据输入所建立的数据库以备各子系统调用，同时显示、打印或绘制系统储存的数据及属性，并可按不同的要求生成格式输出（如报表、图形分析、图表、图像等），或者存储下来以供他用。

（2）数据查询与检索子系统。

数据查询与检索子系统由九个模块组成，即查询检索索引模块、工程地形查询模块、工程地质查询模块、工程地貌查询模块、工程进度查询模块、工程分标及承包单位查询模块、水文气象查询模块、永久性建筑物查询模块、库区社会经济资料查询模块等组成。

①查询检索索引模块。由于数据库中的数据资料很多，如果不进行分类或有效的设计，将给查询带来困难。因此，设计一个查询检索索引模块，输入不同条件的组合或关键字段，经过系统自动处理，可以便利地输出所需资料的索引，以便于进一步查询和方便使用。

②工程地形查询模块。由于涉及空间的问题，在该数据库的建立时，需要大量的地形资料，这些资料通常以图幅的形式表示和保存，在数据库中，以电子文件的形式给予顺序存储，方便其他模块的调用。

③工程地质查询模块。以图纸形式出现的地质资料也可以存储在数据库中，以备其他模块的使用。

④工程地貌查询模块。意义同工程地质查询模块，存储在数据库中。

⑤工程进度查询模块。工程进度在工程施工中占有重要的地位，将工程进度情况及时存入数据库中，有利于数据挖掘及其他数据的分

析,它将对该决策支持系统有着重要的意义。

⑥工程分标及承包单位查询模块。可以及时了解工程施工具体部位的概况,以及对决策者的决策目标的影响因素及时分析,抓住解决问题的重点,有针对性地作出决策。同时,可以查询施工进度计划和分标分区资料的关系。

⑦水文气象查询模块。这些因素是影响场地布置的一个自然原因,该资料在场地布置中经常要用到。可以查询施工场区任意处的水文资料、气象资料等。

⑧永久性建筑物查询模块。在场地布置时,通过该模块可以及时了解工程的情况。如可以随着库水位施工期的变化查询库区淹没范围及河流的有关信息,以及可以查询枢纽及永久性建筑物在场区的平面及立面布置。

⑨库区社会经济资料查询模块。这些资料也是场地布置中所需的必要资料。可以查询施工场区的行政、经济、工业、交通、农业、野生动物保护区、历史与文物古迹保护点、排水沟网等。

(3)数据挖掘子系统。

数据挖掘子系统包括六个模块,即水文气象数据的数据挖掘、导截流数据的数据挖掘、类似工程场地布置数据的数据挖掘、空间数据的数据挖掘、库水位变化数据挖掘、永久性工程施工的数据挖掘等。其数据挖掘的目的是通过数据库中的数据,发现一些对施工场地布置有影响的关联因素,这些因素可能以前人们认识到了,但是没有足够的数据来准确的给以判断和有力的说明,通过数据挖掘可以达到该目标。或者通过数据挖掘可能会发现一些人们从来没有注意的因素,对施工场地布置有着重要的影响。施工设施、施工交通运输与一定地形间的关系,或与导截流方案的关系,这些如果不采用数据挖掘技术判断其间的影响和关系,而采用传统手段分析是很难发现它们之间的这种关系的。在本决策支持系统中,由于涉及空间数据(平面和立面),就更增加了采用传统手段分析其间关系的难度,因为它在某种程度上可以解释为空间数据挖掘,进一步增加了难度,因此在本决策支持系统中研究数据挖掘技术的应用有着良好的决策支持作用,也为本决策支持系统的作用和用途开辟了一条新的通道。

(4)应用模型子系统。

应用模型子系统由施工设施布置模块、交通运输方案模块、施工过程场地布置模块、施工场地布置模拟模块、方案优化与评价模块等五个模块组成,它也是本决策支持系统的核心部分。通过方法库中的施工场地布置方法集成,可以根据决策者的要求及时、快速地调出所用到的方法,结合数据库中检索到的所需数据,可以快速地得出施工场地布置方案,从而提供给决策者供其决策使用。在使用应用模型时,需要克服一种能够观点,即希望模型可以解决施工场地布置的一切问题,这与希望造一台"永动机"一样是完全不可能实现的。模型只是以某种形式对一个系统的本质属性的描述,以揭示系统的功能、行为及其变化规律。建立模型时绝不能企图将所有的因素和属性都包括进去,否则,模型不但不能解决实际问题,反而把问题搞复杂化了,只能根据系统的目的和要求,抓住本质属性和因素,忽略非本质属性和因素,准确地描述系统。

①施工设施布置模块。主要涉及施工场地的规划和施工场地建筑物位置的选择,即从一系列可供选择的场地布置方案中初选出几个可行的方案,而后依据施工场地布置其他限制条件,及系统所提供的数据资料,进行详细比较,并排列出这些场地的优劣次序,根据相关评价模型,建立评价指标,选出合理的布置方案。在该模块中,几何图形叠合选点法、邻端归纳选点法、线性规划法等也可以纳入方法库中,以便布置时方案比较使用。其中,施工设施的布置包括临时施工设施布置、混凝土生产系统布置等为施工服务的施工设施的布置。如临时施工设施布置需要选择诸如钢筋加工厂、木材加工厂、预制构件厂以及风、水、电、料堆等位置;混凝土生产系统布置涉及选择诸如石料场、砂砾料场、骨料加工厂、混凝土工厂、骨料仓库、水泥仓库等合理的位置。要解决这些设施的位置选择问题,应用该模块所提供的方法,经过方案比较,可以选出较合理的方案,供决策者决策时使用。在该模块中,除在前面几章所述的方法外,还应该在方法库中收入其他的方法如几何图形叠合选点法、邻端归纳选点法等,以便不同方法的比较,或应用于不同的

对象。

②交通运输方案模块。可用于施工道路布线选择、道路通行能力的计算、运输方案的决策等。通过该模块的应用，可以选择合理的施工场地布置中的交通运输系统方案。

③施工过程场地布置模块。可以优化施工过程中，场地的二次或多次利用问题，以及场地的冲突分析和对冲突的解决策略。

④施工场地布置模拟模块。利用该模块可以解决在施工进行前的场地布置方案的模拟，如施工设施的布置、施工交通运输方案确定的合理与否，从中可以提前发现所存在的问题，及时给予解决。同时，也可以校核用数学方法所计算的方案的结果。

⑤方案优化与评价模块。对于采用前述的方法所确定的施工场地布置方案，进行方案评价和优化，以给决策者的决策提供科学的依据，详细的方法可参见第6章。

（5）三维可视化演示子系统。

三维可视化演示子系统包括五个模块，即施工场区三维原貌图、施工场区场地布置三维图、施工场区场地局部三维布置图、施工场地布置随水位的变化图、施工场地布置全过程演示图等模块。在该子系统中，实际使用时不仅仅包括这些模块，而且可以根据决策者的要求来进行扩展，该扩展过程是比较容易实现的，只要在系统设计时充分考虑了系统的整体结构和对决策者的目标要求进行了仔细的分析，在开发过程中留有程序接口，只要决策者提出要求，就可以通过增加程序的模块来实现问题所需。通过该模块可以实现系统的直观、方便、快速的目标，提供给决策者直观的、形象的三维图形，将以前需要花费大量的时间和精力来解释的成果，通过图形演示直观地表现出来，同时可以调动决策者的决策热情，使他们乐于参与决策过程，真实地了解决策者的意图。

水利水电工程施工场地布置决策支持系统研究和开发的关键技术问题在于三维可视化实现、可视化查询实现和数据挖掘实现框架，以及空间数据的集成方法，下面将分别给予论述。

7.4.1　三维可视化的实现

施工场地布置系统信息的可视化查询与分析功能实现的必要条件是建立一个包含施工布置充分信息和表现其逼真形象的施工布置三维数字模型。这个模型具体反映了施工场地地表地形、施工布置建筑物实体布置、地形填挖等方面的静态与动态的三维面貌及相应信息。施工场地布置三维数字模型的建立充分利用了 GIS 的数字化功能。

7.4.1.1　施工场地地表 DTM 建立

建立施工场地地表 DTM(数字地形模型)是整个施工布置三维数字建模的基础,所有工程水工枢纽与施工布置建筑物均布置其上,而且为后续的地形填挖创造条件。

一般首先有施工场地的地形等高线数据,然后转化为 GIS 系统所能识别的外部源文件并确保文件中每条等高线有高程属性,导入到 GIS 系统中,生成不规则三角网格(TIN),再经渲染、纹理及光照等操作,建立了形象逼真的施工场地地表 DTM。对于这样的一个 DTM,GIS 系统用一组对应的文件来贮存。每个文件都贮存了 DTM 的一部分属性,例如有贮存三角网格平面 xy 坐标文件,高程 z 坐标文件,三角网格节点信息文件,纹理渲染文件及空间索引标识文件等。

数字地表模型(DTM)是描述地面特性空间分布的有序数值阵列,是带有空间位置特征和地形属性特征的数字描述,是进行土石方开挖数字化和工程开挖后形态三维仿真必不可少的前提基础。DTM 可通过获取的地形等高线及地表属性多边形等信息,采用适当的等高线内插拟合方法,生成真实描述地表实际特征的数字高程模型,并利用栅格化技术建立相应的描述区域地表类型的属性栅格,经过透视投影变换和属性叠加后建立,用以再现区域的三维地形形态。

在土石方开挖设计工作中,开挖区域的数字地形图等高线越密则开挖量计算的精度越高、断面形态越真实、三维仿真的形态图越细腻。因此,对于等高线较疏的情况,需要采用适当的内插拟合方法生成合适的地形线。考虑插值计算过程与计算机图形处理上的先后性,可以采用等高线先行加密法和实时内插加密法等两种方法。先行加密法主要是针对所关注的地形区域,采用传统地形等高线加密方法线性插值,将地形等高线在输入计算机系统前就加密。如将 10 m 间隔的等高线内插成 5 m 或 1 m 间隔等。这种方法虽然工作量较大,但处理技术难度小,由于内插预先处理完成,在三维图形显示时速度较快,效果亦较好。实时内插加密法是在等高线数据输入计算机后,通过设计插值和图形显示算法,根据地形显示精度要求,实时计算形成需要密度的等高线数据并且三维显示表现出来。实时插值算法有简单直线插值法和点—线—面拟合法等。简单直线插值法是沿等高线的水平和垂直方向进行线形内插值,即读取数字等高线图像的某行数据,找到已知点和未知点间距,对未知点进行线性内插;行方向内插完后再沿列方向内插,并利用前步结果进行调整,这样只要 2 ~ 3 次即形成图形中带有高度属性的各点。点—线—面拟合法将地形图划分成片,在片内利用线形孔斯曲面进行插值获取片中各加密点的高程属性值;详细算法实现可参考相应文献。实时方法由于采用计算机算法实现,手工工作量小,但对计算机硬件要求较高。

考虑到施工场地开挖后三维仿真形态显示的数据量大、占用计算机系统资源多的特点,在工程运用中使用了预先处理等高线的加密方法。将细化处理具有高程属性的等高线数据导入到 GIS 系统中,利用 GIS 系统在三维图形显示功能上的强大优势,生成不规则三角形网格(TIN),再经三维变换、光照纹理映射等操作,可以建立工程区域三维数字地面模型(DTM)。

7.4.1.2 参数化施工布置实体建模

参数化实体建模是一种通过相关几何关系组合一系列用参数控制的特征部件而构造整个几何结构模型的技术。整个建模过程被描述成一组特征部件的组装过程,而每个部件都由一些关键的参数来定义。此建模方式大大简化了实体的建模过程。施工布置系统中涉及的水工枢纽及临时性挡泄水建筑物实体模型有些是用最基本的点、线、面绘制的,有些是通过构造较简单部件而生成的,还有一些则是由直接定义较为复杂的部件单元组合而成的。例如,城门洞型导流洞、泄洪洞的直段与弯弧段构造了简单实用的模板部件,对于围堰的实体建模则是用一系列参数控制的复杂部件单元组成的。根据施工场地布置建筑物的特性,参数化实体建模可以分为规则实体参数化建模和不规则实体建模。

1) 规则实体参数化建模

参数化实体建模是一种通过相关几何关系组合一系列用参数控制的特征部件而构造整个几何结构模型的技术。对于施工布置中的规则实体,可采取参数化建模方式,此建模方式大大简化了实体的建模过程,能大量减少重复性的建模工作,提高工作效率,降低单独建模过程中出现错误的概率。基础工作是先建立参数化实体模型库,统一参数表达代码,建立复杂模型时可以十分方便地将其作为子程序调用。按照施工布置建筑物实体对象的属性,分别用点、线、面、体等四类图形数据结构来描述。地形测量点用点表示,电线、吊线可用具有一定粗度的线表示,水面等可用面来表示,大坝、导流洞、围堰、闸室、泄洪洞等建筑物实体可用多个面围成的曲面体表示。

2) 不规则实体建模

对于施工布置系统中难以用规则模型表达的复杂实体,可用多个面围成的曲面表达其形体面。需要另外说明的是渣场和道路的建模,道路可表示为路面及边坡与地面数字模型之间的内插,渣场可表示为渣场顶面及边坡与地面数字模型之间的内插。渣场和道路建模有两个过程,即先用多个面围成的曲面表达初始形体面,后通过地形填挖处理后获得其最终形体面。

7.4.1.3 地形填挖技术

地形的填挖是在施工场地地表 DTM 模型上进行的。由于地表 DTM 是由许多个不规则三角形组成的,且每个三角形都有其属性(包括面积、高程、坡度、坡向等),因此可以较为容易地得到填挖面与地形的交线,进而确定填挖区域与表面积,然后可进一步计算填挖表面与填挖边坡面构成的填挖体工程量。

在建立的数字化地形的基础上,可以利用两种方法来实现土石方开挖的数字化。

传统的土石方量计算根据地形不同,有横断面近似计算法、分块局部计算法和水平剖面法。各种方法的基本思路都是将开挖区域分成小

网格,在网格内将断面近似作为梯形(实质上是在小范围内,将起伏不平的地形线处理成直线)。并利用下式计算:

$$V = \sum V_i = \sum \frac{F_i + F_{i+1}}{2} L_{i+1}$$

式中:V 为总填(挖)工程量,m^3;V_i 为相邻断面间的土石方量,m^3;F_i,F_{i+1} 为相邻断面的填(挖)断面积,m^2;L_{i+1} 为相邻断面间距离,m。

在实现上述方法时,工作人员都是针对平面等高线图来划分小网格并求出各个网格交点的高程值。由于平面地形图可视性差及求各网格点高程值的烦琐性,使得工作量很大,并且有时会因为网格划分的不合理,而产生较大的误差,增加(或减少)了开挖工程的预算,对工程施工的进度亦会产生影响。

结合前面生成的数字地面模型,将划分网格和计算网格点高程值的工作放到 GIS 系统平台上处理,可以提高工作的可视性和网格划分的灵活性,从而达到有效减少体积计算误差的目的。具体的方法是,在三维显示的数字地面模型上,直观地根据地形的实际起伏程度划分网格大小间距,使同一网格内的地面基本处于同一高程值附近;利用 GIS 系统中的 Profile Graph 工具,沿网格边线作切割运算,并计算和绘制出切割面的形态图,利用形态图,可以方便地获取各网格点的高程值;结合传统计算公式计算出工程的开挖方量。

基于图元布尔操作的土石方开挖方法,是将土石方开挖量的计算转化为求开挖前和开挖后两个三维地形实体之间的体积差值。在计算机上,即为求取两个实体的差集。由于体是由面、线、点等低维元素构成。因此,体的差集求解可以通过由低维元素到高维元素的逐级求交分割得到。同时,考虑到土石方计算时所要求取的对象是由开挖面和原地形面包合成的体(包括体积量和几何形体参数的求取)。因此,图元(开挖体)的布尔操作实际上可以转为求面(开挖面)和面(数字地形面)的交集的问题。

在 GIS 系统中,可以利用低维元素点(Point)、线(Polyline)构成开挖形态面(polygon);再将开挖形态面与前面形成的数字地形(DTM)面作 cutfill 操作,该步即可实现求解两个面的交集(包括计算出交集的投影面积、体积及体形参数);再依据开挖体几何形体参数,获得地形开挖后形态和开挖体三维实体模型。

7.4.1.4　三维动态可视化演示

三维动态可视化演示实际上是利用计算机的动画技术来演示施工场地的动态过程,计算机动画是指用程序或工具生成一系列的静态画面,然后通过画面的连续播放来反映对象的连续变化过程。动画中的运动不仅指物体的运动,还包括视点的移动、光照的变换、纹理和色彩的变化等。

基于 GIS 施工总布置三维动态演示是依靠对任意时刻施工面貌的再现实现的。先将施工场地布置的体数据场可视化,就是要把数据(包括时间和空间数据)映射到几何形状的属性上。在施工过程中,空间任意一点的坐标(x,y,z)实际上都包含了时间信息,即$S=f(x,y,z,t)$,其中 S 表示四维工程数据场,t 表示某一时刻。利用仿真程序得到工程的施工信息,包括各施工单元的开始时间和持续时间参数,生成任意图元(对应于工程中的某一施工单元)任意时刻的面貌 $S_i(t) = \sum_{i=1}^{n} S_i(t)$($S_i(t) = f_i(x_i,y_i,z_i,t)$,$n$ 为总的图元数)。对包含任意施工单元任意时刻面貌的属性库,称之为初始属性库。要得到任意时刻的施工整体面貌,需要对初始属性库中每条记录的图形字段值进行合并与排序,为适应动画的需要,最后应做到同一日期不管多复杂的对象都对应一条记录。然后建立演示属性库,演示属性库与初始属性库具有一样的数据结构。动画演示时,通过对具体时间属性库的循环,逐条读取数据库中每条记录的形体数据及其他的相关信息,相应的更新演示属性库中的图形字段值,就实现了施工过程三维动态演示。

其中,利用 GIS 技术建立的施工场地布置数字模型是施工布置可视化三维仿真的基石。施工场地布置仿真系统采用时间步长推进法,即以某一规定的单位时间为增量,按时间进展一步步地对实际系统的状态及活动进行模拟,从而近似地描述真实系统的运行状态。仿真系统与真实系统的吻合程度与时间步长有关,时间步长越小,吻合程度越高,仿真的精度就越高,但仿真过程中将增加系统状态判断分析的次数,从而增加仿真运行时间,并有可能造成系统运行中产生巨量信息,导致计算机瘫痪;反之,当时间步长过大时,虽能减少对系统状态及活动的判断分析次数,缩短运行时间,但容易丢失真实系统的某些行为信息,或导致模拟状态的失真。因此,仿真系统时间步长的选定极为重要,结合工程实际情况,本系统开发时选用半年作为时间步长,拱坝混凝土浇筑、围堰填筑、截流、地下厂房系统等独立子系统的动态演示与信息查询根据需要选用天、周、旬、月、季等作为时间步长。

　　施工场地布置可视化三维动态仿真的基本思路可归结如下:首先,选取施工总布置系统初始状态作为系统仿真的起始状态,并以此时为仿真时钟的零点,从该起点开始,每推进一个时间步长,就对系统内部所有组成单元(活动)的状态进行分析,再对所有状态发生改变的单元(活动)进行状态更新,从而相应地改变整个系统的当前状态,三维显示当前的系统状态面貌及有关信息;然后,判断仿真是否结束,若否则把仿真时钟时间推进单位时间步长,接着再重复上述工作,直至结束,详见图7-7。

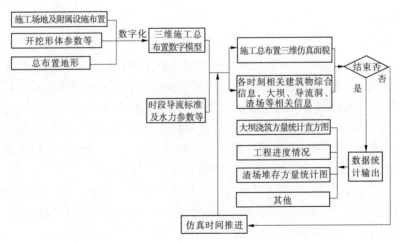

图7-7　施工场地布置全过程仿真数据流分析

7.4.2 可视化查询实现

由于水利水电工程施工布置是一个复杂的系统,内部涉及了施工场地地形地质、水工枢纽的布置、永久及临时工程动态施工等大量的信息。如何对这些信息进行有效的管理,是实现工程设计与决策人员对整个施工布置规划直观理解,从而提高施工组织设计与决策效率的关键。基于 GIS 的施工布置信息可视化组织与管理为这一问题的解决提供了有效方案。施工布置信息的可视化方案其实质就是外界数据经数字化进入 GIS 系统,进而用于可视化表达的数据流向过程。图 7-8 形象地表示了施工布置数据由原始采集,经 GIS 系统内部转化和衍生,最后反映具有一定物理意义的可视化信息,并为决策及管理服务的过程。

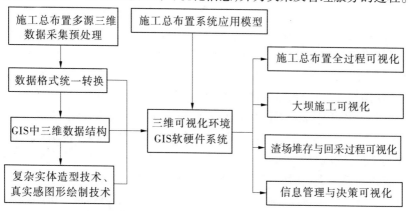

图 7-8 施工场地布置可视化查询流程

利用 GIS 技术建立施工场地布置系统属性数据与其空间(图形)数据的一一对应关系,可实现信息的可视化查询与分析。可视化信息查询包括双向查询、条件查询与热链接等功能。可视化的信息分析包括了上文提及的填筑工程量计算,以及工程施工数据库中动态数据(填筑方量、浇筑方量等)的统计及分析,并用直观的图表显示出来;信息查询包括了某时刻施工布置动态数据及施工布置面貌、建筑物面貌及信息、渣场剖面线及出入渣料等查询。

所谓双向查询就是根据相应图层中的图素来查找与其相对应的属

性,或由属性表中的某一属性来查询其对应图层中的图素,其实现方法如下:打开并激活要查询的对应图层,用鼠标拾取该图层上任意一点,则可弹出与之相对应的信息。其原理是由于系统中属性数据与空间数据的一一对应关系,使得当鼠标激活图层上的某一点所属图素时,同时也激活了对应该图层属性数据库的对应该图素的记录,从而把该记录有关字段的内容显示在查询结果对话框中。相反,拾取属性数据库中的某一条记录,即可查询到图层中对应的图素,被查询到的图素颜色变得鲜亮,以示突出。

条件查询是指根据特定的逻辑表达式作为查询条件,可查询到图中符合该逻辑条件的图素分布。对于按时间施工布置动态数据及施工布置面貌的查询,使用条件查询尤为方便。

热链接(Hot Link)就是把某一图素和另外的图形、文本文件、数据库、图层或应用模型等对象连接起来。当启动热链接,用鼠标点中该图素时,能立刻显示出与该图素相链接的对象。例如施工布置中各建筑物的设计 CAD 详图的查询就是通过热链接实现的。各个建筑物在相应图层上是以比较粗略的图形表示的,要想了解建筑物的结构设计详图或细部图,就可以用该建筑物对应属性数据库中某个字段的数据(字符型)为公共项数据建立热链接,即将要表示的结构设计图转换成视图文件,赋以与公共数据相同的名称存放在系统文件中,由此建立热键链接关系。查询时,激活该图层和菜单界面中的热链接按钮,以鼠标拾取要查询的建筑物,则弹出一窗口,窗口中显示了与其相连接的该建筑物的设计详图。

7.4.3 可视化数据挖掘实现框架

由于现代计算机技术的迅猛发展和人们认识水平的不断提高,通常的决策支持系统还需要进一步改进和完善,这是由于:一是还缺乏丰富的数据资源,需要更加丰富数据资源的采集;二是决策支持系统是面向分析的系统,然而分析模型和算法设计均缺少坚实的数据基础;三是所得信息的关联性较差,使得"四库"无法有机结合,结果形成信息孤岛现象的发生;四是缺乏有力的分析工具,多数分析工具为了单个目标而开发,形成就事论事的解决问题的习惯,在开放性和通用性方面显得力不从心。因此,可见决策支持系统的核心是模型库,但是使用模型库有许多致命的缺陷:一是模型的参数难以确定;二是模型因子难以合理的取舍;三是在多个模型可供选择时决策者要花费很多时间来决定使用哪个模型;四是一些模型要求使用高度复杂的数学知识,而这正是工程研究人员的弱项。因此,为了解决或克服上述的不足,在本决策支持系统研究时,基于水利水电工程施工场地布置的特性,将数据挖掘的方法有机地结合进本决策支持系统,同时利用 GIS 实现可视化的方便性,使得数据挖掘过程可视化,以及挖掘出在数据库中隐藏的未被人们发现的有用的知识,这样可以克服传统决策支持系统建立模型所存在的缺陷。

数据挖掘的目的是从大量或海量数据中按照所确定的问题的目标,提取潜在的、有效的、并能被人理解的高级模式处理过程,数据挖掘技术主要基于人工智能、机器学习、统计学等技术,高度自动化地分析原有数据,并作出归纳性的推理,从中挖掘出潜在的模式,预测所提出问题的目标行为,为决策者提供有力的技术支持,可以确切地说,数据挖掘是一种决策支持过程,这一过程具有内在的交互性及反复性,仅仅把一些数据放到一个黑箱中不可能得到有用的知识。数据挖掘的过程是一个交互过程,而不是一个半自动化的分析过程。数据挖掘的结果可以有多种表示方法,一般根据所用的技术相应的分为关联规则、分类规则、判别式规则、序列模式等,最好将它们表示成用户容易理解的表达方式。水利水电工程施工场地布置由于涉及大量的空间问题,因此平面图形或文字表述不失为一种方法,但是在本决策支持系统研究中,由于是在 GIS 软件基础上研究水利水电工程施工场地布置的数据挖掘,因此可以充分利用 GIS 可视化的强大功能,将数据挖掘的结果,利用 GIS 可视化的功能及其他图形应用软件,将数据挖掘结果以形象、直观、易被人们理解的方式表达出来,构成可视化数据挖掘决策支持。

DM 实现的流程如图 7-9 所示。

7.4.3.1　DM 实现的具体步骤

（1）对 DM 在水利水电工程施工场地布置应用领域及决策者目标

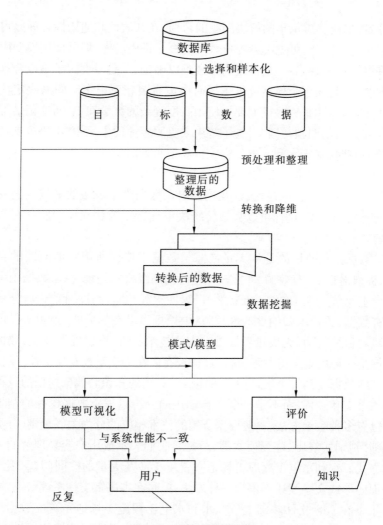

图 7-9 实现 DM 的流程

的理解。这一步是实现 DM 的重要步骤，相当于系统分析。它是解决任何事情的必经步骤，这个过程往往容易被人们简单化。但在数据挖掘过程中它却是非常重要的一步，要花费很多的时间。如果没有很好的理解问题，得到的结果将没有任何用处，一个问题有多种解决办法，但有些是行得通的,有些是行不通的。即使行得通的办法,也要考虑其执行效率等方面的问题。在这一步骤中需要与决策者共同参与,一般需要考虑的问题有:水利水电工程施工场地布置系统的目标是什么?追求什么样的性能指标? 模型的可理解性是否重要? 知识的简单性和精确性哪一个更为重要? 等等。

(2)创建一个目标数据集即数据选择。一个数据库包含了各种数据,并非所有的数据都可达到一个数据挖掘的目标,所以有必要选择目标数据。对目标数据的选择要基于具有相同性质的数据进行,要考虑在一段时间内的变化和动态,数据的样本策略(如随机同一性或层次性),样本的充分性、自由度等。根据用户的要求从数据库中提取与DM 相关的数据,DM 将主要从这些数据中进行知识提取,在此过程中,会利用一些数据库操作对数据进行处理。

(3)数据整理和预处理。是 DM 的基本操作,包括消除噪声或去掉无用的数据,决定用于弥补遗漏数据的策略,说明时间序列信息和已知的变化等。主要是对步骤(2)产生的数据进行再加工,检查数据的完整性和数据的一致性,对其中的噪声数据进行处理,对丢失的数据进行填补。

(4)数据降维和转换。在选择了合适的数据库和数据子集之后,用户往往希望对数据进行一定的降维和转换。所谓降维指在考虑了数据的不便表示或发现了数据的不便表示的情况下,减少变量的实际数目,并设法将数据转换到一个更易找到解的空间上。用哪种转换应考虑三个方面的因素:任务、数据挖掘操作、数据挖掘技术。转换的方法包括以期望的方式组织数据,把一种类型的数据转换为另一种类型,或者是对数据的属性用数学算子或逻辑算子进行转换。

(5)选择数据挖掘任务。数据挖掘的目标是数据分类、回归、聚合、汇总、关系模型化、检测数据变化和误差等。根据对系统目标的分析,必须从以上工作中确定其中之一,作为该系统的数据挖掘的目标。

(6)数据挖掘算法的选择。数据挖掘有两类算法,一种是数据集中搜索模型,另一种是使已有的模型与所搜索到的数据相匹配。在实现DM 时,要根据需要从上述算法中选择。当然,所选的算法必须与系统目标一致,但往往用户更关注模型的可理解性而不是模型的预测能力。

（7）数据挖掘。在数据挖掘时,利用一种或多种技术,相继地挖掘已转换的数据,抽取感兴趣的信息,并以特定的形式挖掘期望的模型或与模型相匹配的数据集合,完成诸如分类规则和分类树、回归、聚合等任务。

（8）评价数据挖掘的结果。用来评价可预测性模式好坏的方法依赖于所要解决的问题,所以仅仅给出某种模式的精确度是没有用的。最重要的是,使用模式模拟实际的行为并给出使用它的结果报告。但要注意,由于数据挖掘所找到的模式可能只是某一时间内的较短暂的规律,所以即使我们选用了各种评判方法,如数学的或其他的非客观性的方法,它也只是一种估测,真正的检测只能在实际的应用中进行。

在上述每个步骤过程中,DM 会提供处理工具完成相应的工作,在对挖掘的知识进行评价后,根据结果可以决定是否重新进行某些处理过程,在处理的任意阶段都可以返回以前的阶段进行再处理。所以,DM 是一个需要不断重复、以最终获得有价值的知识的过程。

7.4.3.2　数据挖掘的一般算法及其结构

数据挖掘方法通常有模糊集合法、可视化技术、神经网络法、关联规则开采法、多层次数据汇总归纳等方法,由于在本书前面几章中已对模糊集合法、神经网络法进行了论述,并且本章前面也对可视化技术进行了论述,故在此仅就其一般算法及其结构进行讨论。

数据挖掘的任务可以描述成从数据中发现有意义及频繁发生模式的搜索问题。也就是讲,对于给定的描述数据 D 属性的语法或模式集合 P,可以指定一个模式 $p \in P$ 发生的频率足够高或有意义。如果模式 p 在 D 中出现的次数大于用户给定的最小值 min fre,则称模式 p 在 D 中是频繁的。一般数据挖掘的任务就是寻找这样一个集合

$$PI(D,P) = \{p \in P | p \text{ 在 } D \text{ 中频繁出现并且 } p \text{ 有意义}\}$$

另外一种形式可以看做是一个句法语言集 L,并且从 L 中寻找语法,这些语法具有一定的可信度,并且支持用户所关注的另外分类。这一观点可直接或间接地用于从数据库中发现一致性约束、归纳逻辑、机器学习中。一个模式发生的频度或句法的可信度能够被准确地描述,然而

对模式及句法的解释及评价却相当困难。一个发现 $PI(D,P)$ 的一般算法首先要通过以下搜索频率发生模式的算法（Find Frequent Patterns，FFP）计算出所有频繁发生的模式，然后从输出结果中选取有意义的模式。设 P 为模式集合，其中所有模式按由大到小的顺序排序。D 为数据集合，minfre 为用户指定的模式出现的最少次数。

算法：FFP 寻找频繁发生模式

①$C:=\{p \in P | q$ 为模式，如果 $q \notin P$，则 $q < p\}$；

②While $C \neq \varnothing$ do；

③For each $p \in C$；

④计算 p 在 D 中出现的次数；

⑤Next；

⑥$F:=F \cup \{p \in C | p$ 在 D 中发生足够频繁，即出现的次数多于 $\mathrm{minfre}\}$；

⑦$C:=\{p \in P |$ 对于 $p \in P$，所有 $q < p$ 都已经被搜索过，并且 p 可能是频繁的$\}$；

⑧Loop；

⑨输出 F；

这一算法的处理过程首先要找到在由小到大排序中最小的值作为初始模式，然后，将有关频繁发生模式的信息用于产生新的元素，即可在现有知识基础上产生新的频繁发生的模式。

这一算法表明了由发现模块及数据库管理系统组成的数据挖掘系统的结构。发现模块把查询语句提供给数据库管理系统，数据库管理系统作出响应，这些查询的典型形式为"在数据库 D 中有多少与 p 相匹配的对象"，p 为可能有意义的模式，数据库给出一定数目的答案。

如果不加优化就执行这些查询，这种结构会占用很多的系统时间，要想有效地完成这些查询，数据库管理系统必须能够利用由发现模块产生查询的强相似性。从把数据挖掘看做从数据中发现频繁发生的有意义模式的观点看，组合模式匹配（Combinatorial Pattern Matching，CPM）将有助于数据挖掘，用复杂的原始模式及简单的逻辑组合比简单的原始模式及复杂逻辑要有效得多。

7.4.3.3　数据挖掘的方式

1) 关联规则

设 $R = \{A_1, A_2, \cdots, A_p\}$ 为 $\{0,1\}$ 域上的属性集，r 为 R 上的一个关系，关于 r 的关联规则可表示为 $X \Rightarrow B$，其中 $X \subseteq R, B \subseteq R$，并且 $X \cap B = \varnothing$。关联规则的矩阵形式为：矩阵 r 中，如果在行 X 的每一列为 1，则行 B 中各列趋向于 1。

给定 $W \subseteq R$，以 (W, r) 表示 W 在 r 中的频度：r 中 W 的每一列都为 1 的行数。r 中关联规则 $X \Rightarrow B$ 的频度定义为 $s(X \cup \{B\}, r)$，可信度定义为 $s(X \cup \{B\}, r)/s(X, r)$。

在关联规则的发现中，主要任务是找出所有的关联规则 $X \Rightarrow B$，这些规则的频度必须满足最小阈值 σ，并且可信度必须满足最小阈值 θ。如果对关联规则 $X \Rightarrow B$ 左侧的 X 数目不加以限制，则 B 也不是固定的，因而在处理过程开始前限定 X 的元素数目，以剔除无关的关联规则是非常重要的，这也意味着规则搜索空间被限定在输入元素数的指数级范围内，以下是一种缩小搜索空间的算法。

如果 $s(X, r) \geqslant \sigma$，则称子集 $X \subseteq R$ 在 r 中频繁发生，一旦所有 r 的子集都已经找到，寻找关联规则就会很容易，即对每个子集 X 及 $B \in X$，只需证明规则 $X/\{B\} \Rightarrow B$ 是否具有足够高的可信度即可。

如何找出所有频繁发生的子集 X 有很多方法，一种典型的方法是利用这样一个事实：所有频繁发生集合的子集也是频繁发生的。首先，通过读取数据找出频繁发生的一维集合，并且记录每一个元素 A 的发生次数；然后，以 $\{B, C\}$ 为元素构成二维候选集合的元素，其中 $\{B\}$、$\{C\}$ 都是频繁发生的。在数据库中重新计算候选集合的频度。如果二维频繁发生集合找到，那样三维候选集合就可在它的基础上构造；这些集合为 $\{B, C, D\}$，其中 $\{B, C\}$、$\{B, D\}$、$\{C, D\}$ 都是频繁的。这一过程一直持续到无法再生产候选集合为止。下面给出这一算法：

算法：搜索频繁集合

① $C := \{\{A\} \mid A \in R\}$;

② $F := \varnothing$;

③ $i := 1$；

④ While $C \neq \varnothing$ do；

⑤ $F' = \{X \mid X \in C$，并且 X 是频繁的$\}$；

⑥ $F := F \cup F'$；

⑦ $C := \{Y \mid Y$ 的维数为 $i + 1$，并且所有 $W \subset Y$ 均 i 维频繁发生集合$\}$；

⑧ $i := i + 1$；

⑨ Loop；

如果 k 为最大频繁发生集合的维数，则算法至多需要读取数据库 $k + 1$ 次，在实际应用中，k 值很小，一般不超过 10。关联规则具有简单的形式，并且对于二进制数据可产生很好的结果。

2）从事件序列中发现事务

事件序列 (e, t) 中，e 为一类事件，t 为事件发生的次数。对于如何分析这些数据由一些扩展的统计方法，作为分析这些数据的第一步，人们总是想确定哪些类事件经常在一起发生。所有事件类用 E 来表示，一个事务 ψ 是由 E 中元素组成的不完全排序集合。例如，一个事务可能表明 A、B 两类事件在 C 类事件之前发生。

给定一个序列 $r = (e_1, t_1), (e_2, t_2), \cdots, (e_n, t_n)$，$r_t$ 的宽度为 ω 的邻域，由 r 的这样的一些事件 (e_i, t_i) 组成 $t \leqslant t_i \leqslant t + \omega$。如果在 r_t 中有与 ψ 类事务相匹配的事务，并且它们以 ψ 排序的顺序发生，那么一个事务 ψ 在 r_t 中发生。如果序列中一个事务在足够多的邻域中发生，则说它是频繁发生的。

如何从很长的事件序列中发现事务，用和以前相同的思想，首先要确定一维的频繁发生的事务，然后利用这些事务产生二维的事务集合的元素，用数据库中的数据来验证这些元素，并产生三维的事务集合的元素，以此类推，利用对事务不断增加的认识，算法会进一步改进。

针对水利水电工程施工场布置，数据挖掘可以对如混凝土拌和楼位置的选择除了通常所知的影响因素外，根据决策者的决策过程的多次反复，通过数据分析，挖掘出不为人所知的新影响因素，这将对以后的场地布置有着非常重要的意义。

同时还要看到,数据挖掘技术是一个正在不断发展的技术,目前的应用还处在探索阶段,成熟的应用成果还不是很多,在水利水电工程上的应用更是凤毛麟角,但是已引起有关人员的密切关注,潜在的应用前景是不可估量的。本书仅提出了数据挖掘在水利水电工程施工场地布置中的应用框架和理论,具体的应用还须进一步研究。将决策支持系统、地理信息系统、数据挖掘等技术有机结合在一起,建立关于水利水电工程施工场地布置的可视化的、空间的决策支持还是一种尝试,从理论上讲应该是行之有效的,还有待于进一步完善相关的细节研究,以形成可以应用于工程实际中的有效决策支持。

7.4.4 空间数据的集成方法

由于水利水电工程施工场地布置决策支持系统的开发涉及空间数据、属性数据及工程数据等多种数据,需要将这些数据通过一定的方法很好的结合在一体,以供各子系统的调用,而不至于发生矛盾或数据混乱,需要研究空间数据的集成方法。在某种程度上可以说,水利水电工程施工场地布置决策支持系统也即空间决策支持系统(Spatial Decision Support System, SDSS),因为空间决策支持系统是在地理信息系统(GIS)和决策支持系统(DSS)基础上发展起来的一个新兴科学技术领域。从目前大多数 GIS 应用的情况看,它们尚停留在空间数据获取、存储、查询、分析、显示、制图、制表的水平上,缺少对复杂空间问题决策的有效支持能力,很难满足各级决策者的需要。而空间决策支持系统,本质上就是将地理信息系统和决策支持系统相结合,将决策支持架构在空间数据上,为决策者提供更直观、生动、形象的信息服务。因此,从功能上来讲,空间决策支持系统需要大量的信息支持,不仅需要空间数据,而且还需要大量的工程数据、水文数据、施工数据、经济数据,甚至社会数据等各种各样的数据支持,只有具有这样的数据基础,才能为决策者提供准确的信息服务。

这种空间决策支持系统的数据集成包括许多方面的内容,空间数据的集成、工程数据的集成、经济社会数据的集成、水文数据的集成等,数据集成具有一定的复杂性,主要表现在以下几个方面:

（1）空间数据的多态性。以下情况会造成空间数据的多态性：

①空间数据的采集工具不同，数字化技术不同，会产生很多种数据格式。

②空间数据的表达与组织形式不同。拓扑关系是空间数据的一个重要特征，如连通性、近邻性等，它是分析空间格局和过程的基础。但对空间关系的理解和表达形式还没有一个完整的、确定性的框架，因此限制了地理信息系统的功能发挥和不同类型系统的出现。

③空间数据的存储方式不同，有的采用文件系统，有的采用数据库技术，并且数据库产品也有很多。

（2）不同比例尺地图数据的无缝融合。一个地理信息系统仅靠一种尺度空间数据来支撑是不够的，需要多层次或多比例尺空间信息框架（或多尺度）海量矢量数据库、图像、DEM 数据库、关系数据库的统一管理和匹配调度等问题，从而实现多种空间数据源的数学基础统一、不同尺度数据间的综合协调、数据多级表达与漫游、专题与基础数据的集成、矢量与栅格数据的一体化管理和空间数据导航等功能。

（3）结构化、非结构化信息的集成。结构化的信息在数据存储、数据处理等方面都有一定的规律可循，因此处理起来比较容易。但决策支持系统中存在着大量的非结构化信息或半结构化信息，这些信息的存储、处理都没有固定的程式，因此在数据集成时，这部分信息都需要找到一种合理的解决办法。

（4）定性、定量信息的集成。在决策支持系统中，无论是定性信息、定量信息都要与一定的分析模型相结合，才能进行特定的分析。定性分析还需要加入模糊算法或提供一些人机交互接口以加入主观因素，这样才可能使得分析更有效。

因此解决数据集成的问题需要进行空间信息的规范，否则将会造成数据使用的混乱，失去决策支持的效果。对该类数据问题规范方法如下：

（1）空间矢量数据格式的相互转化。统一采用点、线、面的拓扑关系，这种空间数据的组织形式比较合理，数据的修改比较灵活，数据冗余很少。其他数据格式向这个形式转化，转化时可以利用一些标准数据格式,如 DXF 格式文件。编制文件系统的空间数据全关系化工具,使空间数据全部入库。有了这两种工具,就可以统一空间数据的存储和组织方式,全部采用点、线、面的拓扑关系组织,而且全部入库,以数据库的方式存储。

(2)多尺度空间数据无缝融合。多尺度空间数据无缝融合以实现多尺度空间数据的连续调用为目标,针对特定应用区域实现连续的宏观、中观、微观空间信息服务。在使用方式上要求各种尺度数据库可以多尺度变焦转换,纵向打破比例尺界限,形成图像数据与图形数据多层次上的无缝连接,图形数据库与关系数据库及 DEM 数据库可以同步相互连接调用。

多尺度空间数据的生成主要有两种方法,一种是一库多版本,即建立一个较大比例尺数据库,而其他层次比例尺的空间数据库是从该数据库中通过制图综合或图像压缩派生而来,形成多个版本的空间数据库。目前矢量自动制图综合技术还不完善,达不到全自动化程度,而栅格数据在一定条件下经过抽点可以实现综合目标,从实践中数据处理效果来看,适合采用这种方法来建立多尺度栅格的数据已较为成熟。另外一种就是多库多版本,独立建立对应于多种比例尺的多个数据库,通过人工编码建立各比例尺系列间的联系,不同尺度间同一要素具有相同的编码。

空间数据在使用方式上不仅要求多尺度数据间无缝融合,而且同级比例尺可以全区域漫游,横向打破图幅界限,实现海量数据管理。由于矢量数据与栅格数据的存储、组织方式不同(一般矢量数据按图幅分幅,栅格数据为矩形阵列),两种数据的叠置需要共同的定位基础,通常采取统一的地图坐标系统(或称数学基础)作为空间基准实现显示、查询、分析操作。这种地图数学基础即为地图投影。地图投影方式因比例尺大小不同而往往不同,多尺度空间数据决定了地图投影具有多样性。通常小比例尺投影面向非精确量算应用,用于内容定位与对比;大比例尺投影面向精确量算应用,用于显示地理背景细部。由于地图投影的多样性,大小比例尺系列之间的地图投影需要协调。

(3)栅格数据与矢量数据的集成。随着摄影测量技术和遥感技术的发展,栅格数据将成为未来地理信息系统的主要数据源,用于更新数据或产生新的数据。这两种数据集成的关键在于开发互操作技术方法。

在 GIS 的分析功能中,在保证一定精度的前提下,有相当大一部分采用矢量数据进行分析功能的数据可以转换为栅格数据的处理,也有一部分功能可直接采用栅格数据进行分析处理。栅格叠置具有简便易用的特点,在适宜性评价应用中被经常采用,并且在程序中可以采用关系数据库管理栅格数据图幅及生成的数据,使数据得到最大化的利用和管理。

7.5　施工场地布置决策支持系统实例

一、工程概述

溪洛渡水电站位于金沙江下游四川省雷波县和云南省永善县境内,坝址距离宜宾市河道里程 184 km,是金沙江下游河段开发规划的第三个梯级电站,也是《长江流域综合利用规划要点报告》推荐的金沙江开发第一期工程之一。该工程以发电为主,兼有防洪、拦沙和改善下游航运条件等综合效益,并可为下游电站进行梯级补偿。电站主要供电华东、华中地区,兼顾川、滇两省用电需要,是金沙江"西电东送"距离最近的骨干电源之一,也是金沙江上最大的一座水电站。

二、工程布置

溪洛渡水电站枢纽布置推荐 XA22 方案,枢纽由拦河大坝、泄洪建筑物、引水发电建筑物及导流建筑物组成。I_8 坝线上布置的拦河大坝为混凝土双曲拱坝,最大坝高 278.00 m,坝顶高程 610.00 m,顶拱中心线弧长 698.07 m;泄洪采取"分散泄洪、分区消能"的布置原则,在坝身布设 7 个表孔、8 个深孔与两岸 4 条泄洪洞共同泄洪,坝后设有水垫塘消能,遭遇 1 000 年一遇以上洪水时启用竖井泄洪洞参与渲泄洪水;发电厂房为地下式,分设在左右岸山体内,各装机 9 台、单机容量为 700 MW 的水轮发电机组,总装机容量 12 600 MW;左右岸各布置有 3 条导流隧洞,其中左右岸各 2 条与厂房尾水洞结合,左岸 1 条导流洞改建为竖井泄洪洞。

溪洛渡水电站的施工场地平面布置方案见图7-10。

三、场内交通

主要的场内交通洞线路包括左右岸低线公路、左右岸进场交通洞及上延线、左右岸上坝公路、左右岸厂房进水口、坝肩出渣公路、开关站及缆机平台公路等。

（1）低线公路。①永久低线公路：a.左右岸进厂线；b.尾水平台支线；c.尾调交通洞线。②临时低线施工公路：a.沿江低线。

（2）高线公路。①永久高线公路：a.左右岸过坝公路；b.马家河坝支线；c.永善支线。②临时高线施工公路。

四、施工工厂

施工工厂包括砂石加工厂，混凝土系统，制冷系统。

（1）砂石加工厂。溪洛渡水电站共设置6个砂石加工厂，分别为塘房坪粗骨料加工厂、大戏厂人工砂加工厂、黄桷堡砂石加工厂、中心场砂石加工厂、马家河坝砂石加工厂、溪洛渡沟砂石加工厂。

（2）混凝土系统。本工程导流及主体工程混凝土总量1 315.3万 m^3，其中喷混凝土约19万 m^3。结合工程施工总布置规划和施工进度的特点及砂石加工厂位置，整个工程的混凝土生产系统按大坝、左岸厂房系统（包括左岸泄洪洞，简称为左岸厂房系统）、右岸厂房系统（包括右岸泄洪洞，简称为右岸厂房系统）、左岸导流洞和右岸导流洞等几个混凝土系统进行考虑。

（3）制冷系统。根据施工总布置条件及混凝土系统布置情况，为满足水工建筑物温控的需要，全工程共设置了5个制冷系统，分别为大坝高线混凝土制冷系统、大坝低线混凝土制冷系统、豆沙溪沟混凝土制冷系统、马家河坝混凝土制冷系统、大坝后期通水冷却制冷系统。

五、施工场地布置

根据施工布置条件及考虑分标因素，按6个分区进行施工场地布置安排：

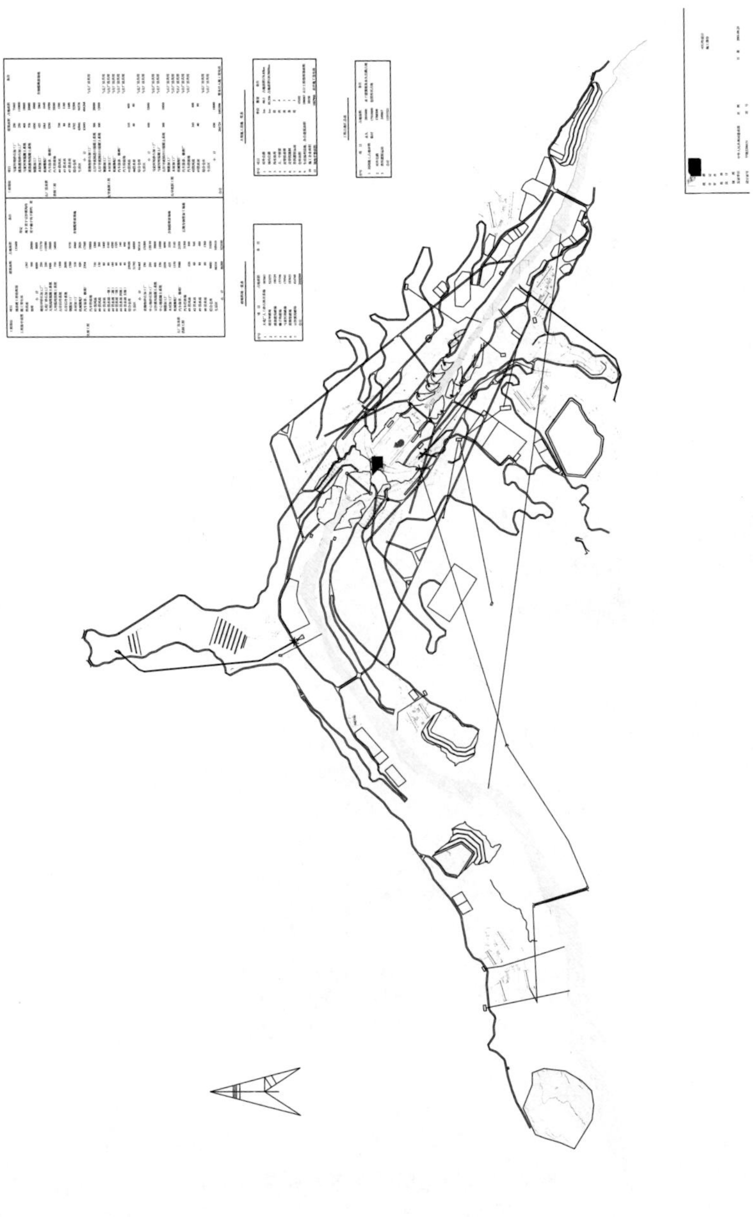

图 7-10 溪洛渡水电站施工场地布置平面图

（1）黄桷堡工区。灰岩开采场及人工砂加工系统、左岸厂房及左岸泄洪洞上游砂石骨料加工系统、左岸导流洞砂石料加工系统。

（2）邓家岩工区。左岸厂房及左岸泄洪洞上游混凝土拌和系统、左岸导流洞上游混凝土系统、生活区等。

（3）马家河坝工区。右岸厂房及右岸泄洪洞上游砂石料加工系统及混凝土系统、右岸导流洞砂石料加工系统、混凝土系统及生活区。

（4）塘房坪工区。大坝工程粗骨料加工和大坝高线混凝土系统、金属结构拼装场、汽车修理厂、汽车保养厂、机械修理厂、综合仓库、生活区和工程指挥部基地等。

（5）中心场工区。左岸厂房及左岸泄洪洞下游砂石料系统及混凝土拌和系统、左岸导流洞下游混凝土系统、综合加工厂、汽车修理厂、汽车保养厂、综合仓库及生活区等。

（6）溪洛渡沟工区。右岸厂房及右岸泄洪洞下游砂石料系统及混凝土拌和系统、右岸导流洞下游混凝土系统、综合加工厂、汽车修理厂、汽车保养厂、综合仓库及生活区等。

（7）其他。油库布置在癞子沟下游1 km处，炸药库布置在豆沙溪沟沟内，工程指挥部布置在右岸大坪960～970 m高程。

溪洛渡水电站工程施工场地布置决策支持系统的部分三维可视化查询图及动态演示图片，如图7-11～图7-13所示。

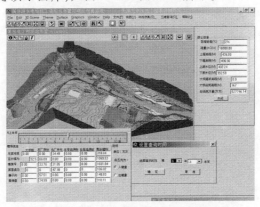

图7-11　施工场地布置可视化查询界面

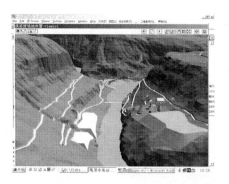

图 7-12　施工场地布置沿河流一个场景

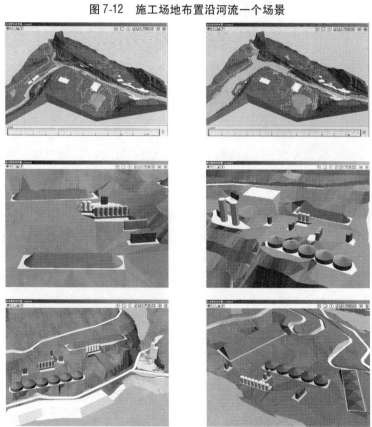

图 7-13　施工场地布置三维动态演示图

通过实例研究可以看出,建立了融合 GIS 技术、可视化技术的水利水电工程施工场地布置决策支持系统,可为工程施工场地布置方案的决策提供有力的、精确的、形象和直观的决策支持工具,通过该决策支持系统可以在三维施工场地布置图上方便地查询所布置设施的有关信息,如占地面积、容量、施工设施技术参数等,仅需用鼠标点击所查询的施工设施,就可看到相关信息。同时,可以通过施工场地布置动态演示系统直观的看到施工场地布置随施工进度计划的动态变化情况,如发现有不合理的问题,可以及时地进行修正。所有这些可以使原来需要花费大量的人员来进行的烦琐工作,变得简单、快速并且提高了一些有关地形计算的准确度,如土石方的开挖方量的计算及填方方量的计算,地形面积、体积的计算,线路的高差等,这些问题用该系统实现是非常的便利,并且结果准确度高,而且利用它可以将已决策优选的施工布置方案以形象、直观的三维图形表达出来,为决策者的决策提供更具说服力的工具。如果在本系统提出的可视化数据挖掘子系统开发完成的前提下,可以将施工布置方案成果中存在的隐含问题揭示出来,以方便决策者调整布置方案,而且调整布置方案过程可以快速、简单的实现,并直观地呈现在人们面前,有力地保证施工场地布置方案的决策。

　　随着水利水电工程施工场地布置决策支持系统的不断完善和一些新技术的融入,可以预见其所起的作用不仅仅限于以上所述的方面,在今后可能会扩展到其他方面的应用,如施工设施的自动布置、施工道路的自动选线、施工过程中场地冲突的自动预警等,但是不管其作用如何大,也不会取代人的决策作用,它只不过可以提高人的决策能力和决策过程对信息的处理、分析水平以及准确度的把握,最终还需要人依据实际情况对施工场地布置方案进行判断和决策。

第 8 章 结束语

　　水利水电工程施工场地布置内容复杂、影响因素多以及涉及多个学科和专业,是一项综合性的任务和工作。如何科学地进行施工场地布置及由于在施工场地布置时,人们的经验知识占到重要的地位,如何有效地利用已有的施工场地布置成果为新的工程所利用,是人们多年来追求的目标。随着土地资源的减少和环境保护观念的深入,对施工场地进行有效的、细致的管理和绿色施工布置的要求,使得水利水电工程施工场地布置需要在科学、合理的方法指导下进行。施工过程中,由于进度计划的要求,施工场地经常需要变化以适应进度计划的需要,而这又引起施工场地间的冲突,如何有效解决该问题,保证施工计划的完成。在施工场地布置方案决策时,经常受到人为因素的干扰,如何减少人为因素的干扰,以选出科学、合理的方案,布置的方案又如何以直观、形象、科学的方式向决策者展示等一系列的问题摆在人们面前。本书研究正是从深入思考这些问题出发,通过对国内外文献资料的查阅及施工现场的调研,在前人研究的基础上,对水利水电工程施工场地布置进行了深入研究。其研究成果总结如下:

　　(1)水利水电工程施工场地布置虽然内容庞杂、影响因素多等,但是通过系统分析,可以看成三个部分即施工设施的布置、施工场地交通运输布置、施工场地管理,通过对这三个部分进行细致、科学的分解和分析,可以得出各个部分所研究的目标、内容以及步骤和程序。

　　(2)解决了以前人们研究施工设施布置仅从具体的工程施工设施出发的缺陷,系统地提出了施工设施布置理论和方法及评价、优化方法,并建立了基于人工神经网络的施工设施布置方法,以解决人们经验知识的利用问题。这些方法可以解决施工设施布置模糊概念的问题和经验知识的利用问题,很好地将施工场地设施布置的经验知识和模糊概念结合在一起,利用所提出的施工设施布置方法,完成施工场地的布置。在设施布置方法中,主要建立了从总体上系统的考虑施工设施布置时的定量方法、定性指标和定量方法结合的布置方案的评价问题,另外建立了基于人工神经网络的施工设施布置方法,该方法可以利用已有的施工场地布置经验知识,推算出未来工程施工设施布置方案,结合综合评价方法,选出合理可行的施工场地布置方案。

(3)施工交通运输系统的布置根据施工特性,可以从施工场地道路布置、施工场地道路通行能力计算、施工场地车辆优化调度方案决策等三个方面进行研究。在施工场地道路布置研究中,提出了利用三次B样条曲线拟合方法布置施工道路的平面线性的方法,并提出了综合评价施工道路布置方案的指标体系,使施工道路布置方法趋于科学化,克服了以前仅靠经验来进行布置的缺陷。在施工场地道路通行能力研究中,经过研究认为,道路通行能力的决定因素是道路交叉口,提出了道路交叉口的定量计算方法和计算机模拟方法,并通过实例验证了所开发的模拟程序的效果。在解决了施工场地道路布置和施工场地道路通行能力问题的前提下,施工场地车辆优化调度方案决策就成为关键,于是本书提出了施工场地车辆优化调度方案决策的理论方法体系。

(4)由于水利水电工程施工是一个动态的过程,对于已布置完成的施工场地,在施工过程中,由于进度计划的要求,施工场地往往要发生小范围的变化,这种变化可能引起施工场地和进度计划间的冲突。因此,建立了面向施工过程的施工场地布置的冲突识别方法及解决冲突的策略和方法。对于施工场地冲突的研究,文献资料极其有限,研究工作深入进行有一定的困难,但本书认为这是施工过程中经常面临的问题,有必要进行研究,所提出的方法还比较粗浅,但基本可以解决所面临的问题。

(5)鉴于水利水电工程施工场地布置方案决策时,由于种种原因以及出于不同的利益角度考虑,经常是难于使布置方案从科学的角度进行决策,受到人为的干扰。因此,本书系统地提出了施工场地布置方案决策的半结构性多目标模糊决策方法,该方法可以综合考虑各种不同的决策意见,对不同意见赋予合理的权值并利用所提出的模型进行计算,也可以得到比较合理的布置方案。在建立该方法时,从理论上对比较难于确定的定性目标的选取问题进行了讨论,并建立了定性目标的选取方法,进一步对人为性、灵活性比较大的权值的确定方法进行了讨论,建立了权值的确定方法,以及对权值灵敏度的讨论。经过理论分析,半结构性多目标模糊决策方法对于水利水电工程施工场地布置方案的决策问题是有效的,最后用拉西瓦水电站的垂直运输方案的选取问题对该方法的决策效果进行了验证。结论是基本可以排除人为因素的干扰,得到了较合理的布置方案。

(6)由于水利水电工程施工场地布置的复杂性,以及与自然的地形、地貌、地质等空间因素联系密切,人们总是希望能改变和提高传统的施工场地布置方案决策以平面图和书面资料等进行决策的技术手段,利用计算机技术进行面对面的辅助决策,并且使得决策过程的复杂性能以直观、形象、简便、快速的方式出现在决策者面前,以方便对决策过程进行修正。本书通过地理信息系统(GIS)技术和可视化技术以及数据挖掘技术的综合使用建立了水利水电工程施工场地布置决策支持系统,它可以将过去复杂的平面布置图变为形象的三维施工场地布置图,并且可以演示施工场地布置随工程进展的变化的全过程,以发现施工场地布置方案中存在的问题,及时地给予修正。同时,可以以形象、快速的可视化查询方式在三维施工场地布置图上进行施工场地布置的信息查询,解决了过去需要查阅大量的图纸、文件的烦琐过程。进一步提出了该决策支持系统需要完善的开发和研究任务,即可视化数据挖掘的实现,它可以从决策过程中发现一些关联信息,对这些信息人们以前可能没有发现关联性或由于技术手段的限制无法找到它们之间的关系,但通过计算机数据挖掘可以找出其间的关系供今后使用,该研究任务完成后,可以充分利用已有工程的施工场地布置资料,建立起知识库,为以后工程的施工场地布置的决策提供科学、可靠的背景知识支持。

总之,本书从系统的角度进行了水利水电工程施工场地布置方法的研究,改变了过去布置方法的零散性及缺乏理论基础的状况,这些方法有助于施工场地布置的科学化和精细化,满足施工发展的要求。

对于水利水电工程施工场地布置方法的进一步深入研究,笔者认为应从如下几个方面展开：

（1）本书中所提出的施工设施布置理论方法有待于实践的检验和施工场地布置人员的信息反馈，以进一步改进所提出的方法，另外书中对施工场地布置的最优化方法没有进行研究，在某些情况下该方法也有一定的作用。

（2）对绿色施工场地布置和施工场地管理仅提出了概念，系统的研究方法没有深入进行，但相信有关人员以后必然会提出对工程施工场地布置这两个问题研究的要求。

（3）对于施工过程的场地布置方法的细化研究是工程施工界关心的问题，尤其对现场施工管理人员更是如此。因为施工过程是一个动态的过程，随进度计划（时间）的推进，施工场地布置也在动态地发生变化，建立有效、经济的应对方法是施工人员的迫切要求，有必要进行更高层次的深入研究。

（4）计算机技术在施工场地布置中的应用有着不可估量的作用，综合应用各种有效的计算机软件，建立起水利水电工程施工场地布置的系统方法，将对推动施工场地布置向着高科技方向的发展有着重要的意义，如工程计划软件与施工场地布置软件的有效结合可以及时解决施工过程中的时间－空间的变化问题，如果再结合可视化技术将会以虚拟方法再现全部施工过程，从而发现施工过程中所存在的问题，并及时提出解决方案。

随着社会经济和技术的发展，水利水电工程施工场地布置的研究将面临巨大的挑战和广阔的应用前景，相信必将会有越来越多的研究人员从事这一方面工作。

参 考 文 献

[1] Guo Sy-Jye. Identification and resolution of work space conflicts in building construction[J]. Journal of construction engineering and management, 2002, 128 (4):287-295.

[2] Cheng Min-Yuan, Yang Shin-Ching. GIS-based cost estimates integrating with material yout planning [J]. Journal of construction engineering and management, 2001, 127(4):291-299.

[3] P P Zouein, H Harmanani, A Hajar. Genetic algorithm for solving site layout problem with unequal-size and constrained facilities[J]. Journal of computer in civil engineering, 2002, 16(2):143-151.

[4] P P Zouein, I D Tommelein. Dynamic layout planning using a hybrid incremental solution method[J]. Journal of construction engineering and management, 1999, 125(6):400-408.

[5] Lucio Soibelman, Hyunjoo Kim. Data preparation process for construction knowledge generation through knowledge discovery in databases[J]. Journal of computer in civil engineering, 2002, 16(1):39-48.

[6] P P Zouein, I D Tommelein. Improvement algorithm for limited space scheduling [J]. Journal of construction engineering and management, 2001, 127(2):116-124.

[7] I D Tommelein, R E Levitt, B Hayes-Roth. Sightplan model for site layout[J]. Journal of construction engineering and management, 1992, 118(4):749-766.

[8] I D Tommelein, R E Levitt, B Hayes-Roth. Site-Layout modeling:How can artificial intelligence help[J]. Journal of construction engineering and management, 1992, 118(3),594-611.

[9] Ayman A Morad, Yvan J Beliveau. Knowledge-Based planning system[J]. Journal of construction engineering and management, 1991, 117(1):1-12.

[10] Emad Elbeltagi, Tarek Hegazy, Abdel Hady Hosny, et al.. Schedule-dependent evolution of site layout planning[J]. Construction management and economics, 2001, 19:689-697.

[11] I D Tommelein, P P Zouein. Interactive Dynamic Layout Planning[J]. Journal of construction engineering and management, 1993, 119(2):266-287.

[12] I D Tommelein, P P Zouein. Space Scheduling for Construction Progress Planning and Control[C] // G H Watson, R L Tucker, J K Walters, (eds.). Automation and Robotics in Construction X. Proc. 10th ISARC. Houston: Elsevier Science Publishers, 1993: 415-422.

[13] I D Tommelein, P P Zouein. Activity-Level Space Scheduling[C] // Proc. Ninth International Symposium on Automation and Robotics in Construction, ISARC' 92, Tokyo: Japan Industrial Robot Assoc., JIRA:411-420.

[14] Zouein,P Pierrette. MoveSchedule: A Planning Tool for Scheduling Space Use on Construction Sites[C] // Ph. D. Dissertation, Dept. of Civil & Envir. Engrg., University of Michigan, Ann Arbor, MI, Advisor: Professor I. D. Tommelein, 1995.

[15] P P Zouein, I D Tommelein. Time-Space Tradeoff Strategies For Space-Schedule Construction[C] // Proceedings 1st Computing Congress, ASCE. New York:NY, 1994:1180-1187.

[16] P P Zouein, I D Tommelein. Automating Dynamic Layout Construction[C] // Proc. 11th Intl. Symp. on Automation and Robotics in Construction. Garston: Watford, Herts, U. K., 1994: 409-416.

[17] P P Zouein, I D Tommelein. Space Schedule Construction[C] // Proc. 5th Intl. Conf. on Computing in Civil and Building Engrg., 7-9 June in Anaheim, Calif., ASCE. New York:NY, 1993:1770-1777.

[18] P P Zouein, I D Tommelein. MovePlan: Allocating Space During Scheduling [C] // Proc. CIB '92 World Bldg. Congress, Natl. Res. Council Ottawa, Canada:1992:18-22

[19] M Y Cheng. Automated site layout of temporary facilities using geographic information system(GIS)[D]. Tex. :University of Taxes,1992.

[20] A Hamiani. CONSITE: A Knowledge-based expert system framework for construction site layout [D]. Tex. : University of Texas, 1987.

[21] K Fedra. Chemicals in the Environment: GIS, Models, and Expert Systems[J]. Toxicology Modeling,1995,1(1): 43-55.

[22] Andrew D K. The Role and Functionality of GIS as a Planning Tool in Natural-resource Management[J]. Compt. Environ. and Urban Systems, 1995, 19(1): 15-22.

[23] Meng Lingkui, Bian Fuling. GIS-based Designed-discharge Analysis Model for

Urban Sewer System[J]. Proceedings of Geoinformatics'96 Wuhan, 1996, 2:
112-117.

[24] Meng Lingkui, Bian Fuling. Integration of Geographic Information Systems[J].
Proceedings of Geoinformatics'96 Wuhan, 1996, 1:302-307.

[25] Shea C, Grayman W, Darden D. Integrated GIS and Hydrologic Modeling for
Countywide Drainage Study [J]. Journal of Water Resources Planning and
Management,1993, 119(2): 112-128.

[26] Wei Du. GIS Supported Metropolitan Sewer System Modeling and Urban Environ-
ment Planning[J]. Proceedings of Geoinformatics'95 Hong Kong, 1995, 2: 738-
745.

[27] Burrough P A. Principles of Geographical Information Systems for Land Resources
Assessment[M]. Oxford:Claredon Press,1986.

[28] Hadrian D R, Bishop I D,Tree M. Automated mapping of visual impacts in utility
corridors[J]. Landscape and Urban Planning, 1988,16(3):261-282.

[29] Haynes Young R, Green D R, Cousins S H (Eds.). Landscape Ecology and GIS
[M]. London:Taylor and Francis,1993 .

[30] Howes D , Gatrell T. Visibility analysis in GIS: issues in the environmental im-
pact assessment of windfarm developments[C]// Hart J, Ottens H F L,Scholten
H J. Utrecht:Proceedings of 1993 European Conference on Geographical Informa-
tions Systems,1993: 861-870.

[31] Kent M. Visibility analysis of mining and waste tipping sites - a review[J].
Landscape and Urban Planning, 1986,13:101-110.

[32] Muge F, Botequilha Leitão A, Neves N,et al.. Modelling Integrated Environmen-
tal Indicators in a Geographical Information System[C]// Reis Machado J. Pro-
ceedings of International Conference on Environmental Challenges in a Expanding
Urban World and the Role of Emerging Information Technologies. Lisboa:Costa
da Caparica,1997.

[33] David Koller, Peter Lindstrom, William Ribarsky, et al.. Virtual GIS: A Real-
Time 3D Geographic Information System[R]. Washington:Report GIT-GVU-96-
02, Proceedings Visualization '95, 1995:94-100.

[34] Gregory Turner, Jacques Haus, Gregory Newton, et al.. 4D Symbology for Sens-
ing and Simulations[R]. Report GIT-GVU-96-12, Proceedings of the SPIE Aero-
space/Defense Sensing & Controls Symposium, Proc. SPIE Vol. 2740, 1996:

31-41.

[35] Peter Lindstrom, David Koller, William Ribarsky, et al.. An Integrated Global GIS and Visual Simulation System[R]. Georgia:Georgia Institute of Technology, 1997.

[36] Douglass Davis, William Ribarsky, T Y Jiang, et al.. Intent, Perception, and Out-of-Core Visualization Applied to Terrain[R]. Report GIT-GVU-98-12, IEEE Visualization'98,1998:455-458.

[37] Zachary Wartell, William Ribarsky, Larry Hodges. Efficient Ray Intersection for Visualization and Navigation of Global Terrain[R]. Eurographics-IEEE Visualization Symposium 99, Data Visualization 99, 1999:213-224.

[38] Tony Wasilewski, Nickolas Faust, William Ribarsky. Semi-Automated and Interactive Construction of 3D Urban Terrains [J]. Proceedings of the SPIE Aerospace/Defense Sensing, Simulation & Controls Symposium, 1999,3694A.

[39] Douglass Davis, William Ribarsky, T Y Jiang, et al.. Real-Time Visualization of Scalably Large Collections of Heterogeneous Objects[R]. Report GIT-GVU-99-13, IEEE Visualization '99,1999:437-440.

[40] Douglass Davis, William Ribarsky, T Y Jiang, et al.. Visualization of Large Collections of Objects in a Global Scale Environment[R]. IEEE Computer Graphics & Applications,2000.

[41] Burcu kinci, Martin Fischen, Raymond Levitt, et al.. Formalization and automation of time-space conflict analysis[J]. Journal of computer in civil engineering, 2002,16(2):124-134.

[42] Yeh I-Cheng. Construction-site layout using annealed neural network[J]. Journal of computer in civil engineering,1995,9(3):201-208.

[43] I D Tommelein, R E Levitt, B Hayes-Roth, et al.. SIGHTPLAN experiments: Alternate strategies for site layout design[J]. Journal of computer in civil engineering,1991,5(1):42-63.

[44] 曹锡隽. 城市交通规划有关决策的方法[M]. 北京:中国建筑工业出版社, 1990.

[45] 袁光裕. 水利工程施工[M]. 北京:中国水利水电出版社,1996.

[46] A H-S ANG,W H TANG. 工程规划与设计中的概率概念:第二卷[M]. 孙芳垂,陈星寿,顾子聪,译. 北京:冶金工业出版社,1991.

[47] 江景波,华楠. 城市土地利用总体规划——方法、模型、应用[M]. 上海:同济

大学出版社，1997.

[48] 张京祥. 城镇群体空间组合[M]. 南京：东南大学出版社，2000.

[49] 王文卿. 城市地下空间规划与设计[M]. 南京：东南大学出版社，2000.

[50] 许建刚，韩雪培. 城市规划信息技术开发与应用[M]. 南京：东南大学出版社，2000.

[51] 左兼金. 水利水电工程施工组织管理与系统分析[M]. 北京：水利电力出版社，1986.

[52] 汪龙腾. 水利工程施工管理[M]. 北京：水利电力出版社，1987.

[53] 武汉水利电力学院，成都科学技术大学. 水利工程施工[M]. 北京：水利电力出版社，1983.

[54] 陈秉钊. 城市规划系统工程学[M]. 上海：同济大学出版社，1991.

[55] 荆其敏，张丽安. 城市休闲空间规划设计[M]. 南京：东南大学出版社，2000.

[56] 中国水利年鉴编纂委员会. 中国水利年鉴 2001[M]. 北京：中国水利水电出版社，2001.

[57] 汪培庄. 模糊集合论及其应用[M]. 上海：上海科学技术出版社，1983.

[58] 周克己. 水利水电工程施工组织与管理[M]. 北京：中国水利水电出版社，1998.

[59] 水利电力部水利水电总局. 水利水电工程施工组织设计手册：第一卷 施工规划[M]. 北京：中国水利水电出版社，1996.

[60] 水利电力部水利水电建设总局. 水利水电工程施工组织设计手册：第四卷 辅助企业[M]. 北京：中国水利水电出版社，1991.

[61] 中国水利水电工程总公司. 水利水电工程施工伤亡事故案例与分析：第二集[M]. 北京：中国建筑工业出版社，2001.

[62] 陈守煜. 复杂水资源系统优化模糊识别理论与应用[M]. 长春：吉林大学出版社，2002.

[63] 刘良明. ArcView 基础教程[M]. 北京：测绘出版社，2001.

[64] 李玉龙，何凯涛. ArcView GIS 基础与制图设计[M]. 北京：电子工业出版社，2002.

[65] 符锌砂. 公路计算机辅助设计[M]. 北京：人民交通出版社，1999.

[66] 浅据喜代治. 模糊系统理论入门[M]. 赵汝怀，译. 北京：北京师范大学出版社，1982.

[67] C V 尼古塔，D A 拉莱斯库. 模糊集在系统分析中的应用[M]. 汪浩，沙珏，译. 长沙：湖南科学技术出版社，1980.

［68］胡志根,肖焕雄.水电施工设施系统布置方法研究[J].武汉水利电力大学学报,1995,28(6):652-657.

［69］胡志根,肖焕雄.砂石料料场开采顺序优化模型研究[J].水利水电技术,1993(10):35-38.

［70］胡志根,肖焕雄.施工系统中混凝土拌和工厂位置选择综合评价模型[J].水利学报,1994(3):26-32.

［71］胡志根,肖焕雄.水电工程施工布置方案多目标模糊优选决策研究[J].水电站设计,1997,13(2):19-23.

［72］李军,郭耀煌.物流配送车辆优化调度理论与方法[M].北京:中国物资出版社,2001.

［73］汪应洛.工业工程手册[M].沈阳:东北大学出版社,1999.

［74］顾培亮.系统分析与协调[M].天津:天津大学出版社,1998.

［75］吕秋灵,张俊霞.三维地形可视化及其实时显示方法[J].河海大学学报:自然科学版,2002,30(4):84-85.

［76］李德仁.地理信息系统导论[M].北京:测绘出版社,1993.

［77］李晓梅,黄朝辉.科学计算可视化导论[M].长沙:国防科技大学出版社,1996.

［78］石教英,蔡立文.科学计算可视化算法与系统[M].北京:科学出版社,1996.

［79］赵士鹏.基于GIS的山洪灾情评估方法研究[J].地理学报,1996(9).

［80］宫鹏.城市地理信息系统:方法与应用[M].伯克利:中国海外地理信息系统协会,1996.

［81］张超,陈丙咸,邬伦.地理信息系统[M].北京:高等教育出版社,1997.

［82］贺贵明,李东辉,陆桑璐.对可视化系统统一性的探讨和实践[J].计算机工程与应用,1998(7):69-73.

［83］张柯.数字三维地形技术[J].湖南地质,2002,21(2):150-153.

［84］蓝运超,黄正东,谢榕.城市信息系统[M].武汉:武汉测绘科技大学出版社,1999:108-109,275-281.

［85］孙锡衡,齐东海.水利水电工程施工计算机模拟与程序设计[M].北京:中国水利水电出版社,1997.

［86］刘德欣.应用地理信息系统选择水库坝址[J].测绘通报,1996(2).

［87］黄杏元.地理信息系统支持区域土地利用决策研究[J].地理学报,1993(3).

［88］王炜,过秀成.交通工程学[M].南京:东南大学出版社,2000.

［89］吴瑞麟,沈建武.道路规划与勘测设计[M].广州:华南理工大学出版社,

2002.

[90] Bierman Bonini Hausman. 作业研究与计量管理[M]. 台北:中兴管理顾问公司发行,1978.

[91] 王毓基. 区域规划系统工程[M]. 长沙:湖南大学出版社,1986.

[92] M E 蒙代尔. 动作与时间研究[M]. 北京:机械工业出版社,1983.

[93] 宋家泰,崔功豪,张同海. 城市总体规划[M]. 北京:商务印书馆,1985.

[94] 李怀祖. 决策理论导引[M]. 北京:机械工业出版社,1993.

[95] 许树柏. 层次分析法—— 一种简易的新决策方法[M]. 北京:科学出版社,1986.

[96] 许树柏. 实用决策方法——层次分析法原理[M]. 天津:天津大学出版社,1988.

[97] 史海珊. 水电工程建设系统综合评判方法[M]. 北京:水利电力出版社,1994.

[98] 祝世京,周泽昆. 大型水利工程多目标综合评价[J]. 华中理工大学学报,1989,(4):83-88.

[99] 冯珊. 多目标综合评价的指标体系[J]. 系统工程与电子技术,1994,16(6):17-24.

[100] 王宗军. 基于神经网络的综合评价应用[J]. 小型微型计算机系统,1995,16(1):25-31.

[101] 王宗军. 面向对象多人多层次多目标综合评价[J]. 系统工程学报,1996,11(1):1-9.

[102] 戴楠,冯怡欢. 多目标综合评价及方案决策方法新探[J]. 武汉水利电力大学学报,1998,31(3):104-106.

[103] 王宗军. 基于知识的综合评价问题的求解方法[J]. 系统工程学报,1998,13(1):1-11.

[104] 陈守煜. 多目标决策的综合评价[J]. 水利学报,1990(1):1-10.

[105] 陈守煜. 多目标模糊集理论与模型[J]. 系统工程理论与实践,1992(1):7-13.

[106] 汪培庄. 综合评判的数学模型[J]. 模糊数学,1983(1).

[107] 冯可君,邓瑞玲. 多层次综合评判的数学模型在选择工程方案中的运用[J]. 模糊数学,1985(1):81-85.

[108] 易思蓉. 地铁路网规划的多目标综合评价[J]. 城市轨道交通研究,2002,5(2):31-35.

[109] 杨敏. 改进的层次分析法用于评定最优工程方案[J]. 系统工程理论与实践,1992(6):24-30.

[110] 熊锐,曹锟生. 多目标决策的层次分析法[J]. 系统工程理论与实践,1992(6):58-62.

[111] 张原,叶作楷,凌崇光,等. 高层建筑结构施工方案智能辅助决策系统研究[J]. 系统工程理论与实践,1992(6):1-7.

[112] 韩崇昭,张平平. 决策、对策与管理[M]. 北京:新时代出版社,1986.

[113] 陈湛匀. 现代决策分析概论[M]. 上海:上海科学技术文献出版社,1991.

[114] 黄克中,毛善培. 随机方法与模糊数学应用[M]. 上海:同济大学出版社,1987.

[115] 姜圣阶,曲格平. 决策学基础[M]. 北京:中国社会科学出版社,1986.

[116] 熊小平. 施工总布置三维动态可视化分析理论与应用研究[D]. 天津:天津大学,2002.

[117] 国家电力公司西北勘测设计研究院. 黄河拉西瓦水电站缆机布置即选型设计专题报告[R]. 西安:国家电力公司西北勘测设计研究院,2002.

[118] 吴国雄,王福建. 公路平面线形曲线型设计方法[M]. 北京:人民交通出版社,2000.

[119] 王明涛. 多指标综合评价中全系数确定的一种综合分析方法[J]. 系统工程,1999,17(2):56-61.

[120] 梁杰,侯志伟. AHP法专家调查法与神经网络相结合的综合定权方法[J]. 系统工程理论与实践,2001,21(3):59-63.

[121] 刘德峰. 权重未知的多目标优选方法[J]. 系统工程与电子技术,1998,20(8):41-43.

[122] 刘健. 在多目标决策中利用基点计算权重[J]. 系统工程理论与实践,2001,21(4):27-30.

[123] 庞彦军,刘开低,张博文. 综合评价系统客观性指标权重的确定方法[J]. 系统工程理论与实践,2001,21(8):37-42.

[124] 陶菊春,吴建民. 综合加权评分法的综合权重确定新探[J]. 系统工程理论与实践,2001,21(8):43-48.

[125] 李军,郭强,刘建新. 组合运输的优化调度[J]. 系统工程理论与实践,2001,21(2):117-121.

[126] 李随成,陈敬东,赵海刚. 定性决策指标体系评价研究[J]. 系统工程理论与实践,2001,21(9):22-28.

[127] 王小汀,叶斌,刘玉彬.基于神经网络的综采工作面技术经济指标预测[J].系统工程理论与实践,2001,21(7):129-144.

[128] 李远富,薛波,邓域才.铁路线路方案模糊优化模型及其应用研究[J].系统工程理论与实践,2001,21(6):108-113.

[129] 陈守煜,赵瑛琪.模糊优选(优化)理论与模型[J].应用数学,1993,6(1):1-5.

[130] 刘东海.工程可视化辅助设计理论方法及其应用[D].天津:天津大学,2002.

[131] 天津大学水利水电工程系,国家电力公司成都勘测设计研究院.溪洛渡水电站施工总布置可视化信息管理与三维动态演示系统研究与开发(科研成果报告)[R].天津:天津大学.

[132] 天津大学水利水电工程系,国家电力公司成都勘测设计研究院.金沙江溪洛渡水电站可行性研究报告——施工导流专题研究报告附件六:施工导流可视化信息管理与三维动态仿真系统研究[R].天津:天津大学,2001.

[133] 天津大学建筑工程学院水利水电工程系.研究技术报告——可视化仿真技术及其在水利水电工程中的应用研究[R].天津:天津大学,2002.

[134] 天津大学水利水电工程系,国家电力公司成都勘测设计研究院.溪洛渡水电站地下洞室群施工全过程动态仿真及三维动态演示系统研究(阶段报告)[R].天津:天津大学,2000.

[135] 天津大学水利水电工程系,国家电力公司昆明勘测设计研究院.云南省澜沧江糯扎渡水电站可行性研究阶段——施工导流三维动态可视化仿真与方案设计优化研究[R].天津:天津大学,2002.

[136] 天津大学水利水电工程系,国家电力公司成都勘测设计研究院.金沙江溪洛渡水电站可行性研究报告——专题研究报告附件:施工总布置可视化信息管理与三维动态演示系统研究与开发[R].天津:天津大学,2001.

[137] 钟登华,郑家祥,刘东海,等.可视化仿真技术及其应用[M].北京:中国水利水电出版社,2002.

[138] 钟登华,李景茹.复杂地下洞室群施工交通运输系统仿真与优化研究[J].系统仿真学报,2002,14(2):140-142,145.

[139] 钟登华,宋洋,李景茹.基于GIS的复杂工程施工可视化信息管理系统研究[J].水利水电技术,2001(12):35-38.

[140] 钟登华,毛寨汉,朱慧蓉.水利水电工程土石方开挖可视化设计方法初探[J].水利水电技术,2001(12):32-34.

[141] 钟登华,熊小平,冯志军,等.水利水电工程施工总布置可视化动态演示系统研究[J].水利水电技术,2001(12):29-31.

[142] 钟登华,刘东海.基于 GIS 的施工导流管理决策支持系统[J].水力发电,2001(1):56-59.

[143] 钟登华,张伟波,夏黎明.基于 DSS 的施工系统仿真研究[C]∥全国青年管理科学与系统科学论文集:第 5 卷.天津:南开大学出版社,1999.

[144] 钟登华,周锐,刘东海.基于 GIS 的施工导流三维动态可视化仿真系统研究[J].水力发电,2001,1(1).

[145] 陈玉泉,朱锡钧,陆汝占.文本数据的数据挖掘算法[J].上海交通大学学报,2000,34(7):936-938.

[146] 成栋,魏立原.数据仓库技术[J].北京:电子工业出版社,1998.

[147] 赛英,陈文伟.从数据库中发现知识的方法研究与应用[J].管理科学学报,1999,2(3):92-96.

[148] 陈富赞,寇继淞,王以直.数据挖掘方法的研究[J].系统工程与电子技术,2000,22(8):78-81.

[149] 张凯,曹加恒,舒风笛,等.数据开采中基于用户需求的关联模型[J].武汉大学学报,1999,45(5):585-588.

[150] 余建桥,梁颖.农业数据库中知识发现的研究[J].计算机科学,1999,26(12):82-84.

[151] 向衍,吴中如,傅志敏.数据挖掘技术在大坝安全决策支持系统中的应用[J].水力发电,2003,29(1):20-23.

[152] 马爱军,王延章.空间决策支持系统的数据集成方法[J].计算机工程与应用,2002(14),88-91.

[153] 高洪深.决策支持系统(DSS)理论·方法·案例[M].2 版.北京:清华大学出版社,2000.

[154] 邢琳涛,张建平.计算机图形系统在建筑施工中的应用[J].施工技术,1999,28(11):13-14.

[155] 张建平,邢琳涛.建筑施工进度与场地布置计算机图形系统的实际应用[J].建筑科技情报,1999(2):29-33.